Thierry Pichevin

QUESTIONNEMENTS D'UN OCEANOGRAPHE

Une immersion dans le monde de la recherche et les questions éthiques qu'elle soulève

L'Harmattan

QUESTIONNEMENTS D'UN OCEANOGRAPHE

Une immersion dans le monde de la recherche et les questions éthiques qu'elle soulève

5-7, rue de l'Ecole polytechnique, 75005 Paris

http://www.harmattan.fr
diffusion.harmattan@wanadoo.fr
harmattan1@wanadoo.fr
ISBN : 978-2-343-03444-7
EAN : 9782343034447

Sommaire

I. Introduction

A l'issue d'études scientifiques très conventionnelles, j'ai choisi de devenir chercheur en océanographie physique, discipline qui, comme son nom l'indique, étudie la physique des océans : leurs mouvements (courants, marées, houle), leur température, leur salinité, etc. En travaillant à développer la connaissance dans un domaine aux sonorités écologiques, j'avais l'impression d'intégrer une caste d'hommes œuvrant pour un monde meilleur. L'enthousiasme des premières années a été à peine terni par quelques situations posant question, de dilemmes ou de problèmes moraux qui pouvaient survenir incidemment : je ne m'y appesantissais pas, sans doute parce que je ne savais pas comment les aborder, que je n'avais pas idée qu'il puisse exister des outils pour ce faire, et que je n'en percevais pas les enjeux. *A priori*, la recherche en océanographie peut d'ailleurs sembler être une discipline à l'abri des grandes questions posées à notre société par d'autres domaines scientifiques, comme la génétique (manipulations génétiques, organismes génétiquement modifiés), la physique nucléaire (armement et centrales électriques, exploration de l'infiniment petit), la médecine (assistance à la procréation, à la fin de vie), etc. Pourtant, si ces grandes questions méritent toute notre attention, peut-être que d'autres la méritent également. Le fait même que l'océanographie semble, *a priori,* assez exempte de questionnement aigu, ne rendrait-il pas d'autant plus utile d'aller explorer en profondeur les interrogations que j'y ai rencontrées ? Les affronter ne serait-il pas l'occasion d'aller voir de près si les grandes questions éthiques posées par la science et sur lesquelles la société est régulièrement alertée, ne seraient pas l'arbre qui cache la forêt ?

Ethique : le mot est prononcé. Fin 2004, j'ai réalisé qu'elle pouvait être l'outil qui m'avait manqué pour étudier ces questionnements. Elle a en effet pour vocation d'explorer les situations moralement complexes afin de leur apporter des réponses argumentées. C'est pourquoi, en 2005, j'ai entamé une formation doctorale en éthique, qui m'a conduit à revisiter mes questionnements, et à les analyser avec rigueur. Ce livre est le fruit de ce travail. Il possède deux facettes : la description de l'intérieur du travail d'un chercheur, et l'analyse des problèmes éthiques qu'il peut rencontrer.

L'éthique s'ancre dans le singulier, elle analyse les spécificités d'une situation concrète précise pour en analyser les enjeux moraux et lui proposer des solutions adaptées. Elle suppose donc une connaissance fine du domaine concerné. L'exploration des questionnements éthiques que j'ai rencontrés comme océanographe passe donc par une description fine de mon travail de recherche. Cet aspect du livre permettra au lecteur de s'immerger dans le quotidien d'un chercheur.

Le contexte, les différents paramètres qui le régissent, étant ainsi précisés, l'exploration des problèmes éthiques rencontrés devient alors possible. Je tente d'en cerner les contours, et de leur apporter des réponses argumentées. La démarche éthique permet de le faire avec rigueur, mais aussi, paradoxalement peut-être, avec une certaine généralité. Si l'éthique s'enracine dans le singulier, elle peut aussi mettre à jour des principes plus généraux, non limités au seul cas étudié mais transposables à bien des contextes. L'exploration de mon propre travail de recherche montre ainsi que tout chercheur peut être confronté à des tensions éthiques comparables à celles que j'ai rencontrées. Au final, cela me conduit à pouvoir proposer un certain nombre de pistes pour développer la vigilance éthique des chercheurs.

II. Présentation. Un questionnement éthique

Pour mieux cerner les enjeux éthiques de mon travail de recherche en océanographie, il est utile d'en avoir une vision globale, ainsi que du contexte dans lequel il s'est déroulé, des enjeux, des objectifs, des contraintes auxquelles il était soumis, et des dilemmes qu'il a occasionnés. A l'époque, il ne s'agissait pas vraiment de questionnements éthiques –j'ignorais le sens précis de ce mot- et ces dilemmes n'étaient pas toujours formulés explicitement. Ils se manifestaient parfois par de simples sensations de malaise diffus, que je ressentais de temps à autre lorsque je me trouvais confronté à des façons de faire, des situations, des comportements avec lesquels je n'étais probablement pas en parfait accord, ou lorsque je percevais comme un hiatus entre ce qui se produisait et ce qui aurait à mon sens dû se produire. La description qui suit retrace ces années telles que je les ai vécues, et donc sans tentative de formulation éthique. Elle est suivie d'une présentation des outils que j'ai acquis depuis et que j'utiliserai pour construire la démarche éthique que je suivrai à partir du prochain chapitre.

Mon travail de recherche : aperçu général et premiers questionnements

J'aimais les mathématiques et surtout la physique, j'étais doué dans ces deux disciplines, et c'est donc assez classiquement, et sans me poser beaucoup de questions, qu'après mon bac (1984), j'ai suivi le parcours classes préparatoires-grandes écoles d'ingénieur. C'est seulement dans les années 1989-1990, en école d'ingénieur généraliste, que j'ai commencé à me demander concrètement quel métier j'allais choisir. Petit à petit, j'ai pris conscience que c'était le travail de recherche qui m'attirait.

J'ai toujours aimé poser des questions, essayé de comprendre ce qui se passait autour de moi. Plus précisément, ce qui m'intéresse, c'est l'aspect théorique des choses, les explications rationnelles qui permettent de construire l'enchaînement des causes et des effets. Cette curiosité a été une motivation importante dans mon choix du métier de chercheur, même si elle n'a pas été la seule : on peut satisfaire sa curiosité en lisant des livres, en allant au musée, en se documentant, bref, en consultant les travaux des autres. La recherche, c'est mener soi-même des travaux en vue de répondre aux questions que l'on se pose, et je prends un plaisir certain à mener moi-même des réflexions théoriques, à examiner un problème, échafauder des raisonnements, établir des équations, déduire des conclusions, avec au terme, la joie d'avoir résolu le problème. Le choix de la recherche relève donc de ces motivations : s'interroger, raisonner, résoudre, comprendre.

Le choix du domaine de recherche n'a pas été immédiat. J'aimais la physique, qui permet des approches théoriques tout en étant appliquée à des phénomènes concrets. Je me suis renseigné sur différentes voies et c'est finalement l'océanographie physique qui l'a emporté, sans que je sache dire précisément pourquoi. Il s'agit au fond d'une affaire de préférence, de goût, et dans ce domaine, il n'y a pas véritablement de raison à invoquer, je crois.

Alors que s'élaborait mon envie de faire de la recherche en océanographie physique, j'ai prospecté sur les endroits possibles où exercer cette activité. De nombreuses institutions possèdent en leur sein une activité de recherche en océanographie en France : des universités (Paris, Brest, Toulouse, Toulon, Grenoble…), Ifremer[*], le Cnrs[†] (dont les chercheurs sont essentiellement répartis sur les sites des autres institutions), etc. C'est finalement pour le ministère de la Défense que j'ai opté.

A l'époque où je prospectais se développait en effet au sein du ministère de la Défense une activité de recherche en océanographie physique. L'apparition d'ordinateurs suffisamment puissants, rendant possibles des calculs prédictifs, et l'avènement des satellites d'observation, révolutionnant l'acquisition de données, ont conduit à la création du Centre militaire d'océanographie (Cmo) en 1990. Dans un de ses documents fondateurs, l'océanographie militaire est définie comme « *la connaissance de l'environnement météo-océanique à finalité navale. Elle recouvre toute la chaîne d'activités allant de la recherche de base à la fourniture de données aux utilisateurs opérationnels* »[1‡]. A l'époque, la mission prioritaire du Cmo était de concourir à assurer la discrétion acoustique des sous-marins nucléaires lanceurs d'engins (Snle), composante maritime de la dissuasion nucléaire française. La détection des sous-marins se fait essentiellement par ondes acoustiques : soit celles émises par le Snle lui-même (le bruit qu'il fait…), et que les bâtiments ennemis peuvent entendre grâce à des appareils d'écoute perfectionnés ; soit celles émises par un sonar ennemi –fonctionnant sur le même principe que le radar, mais avec des ondes acoustiques, plus adaptées au milieu aquatique : les ondes émises par le sonar sont réfléchies par les obstacles rencontrés, et reviennent à l'émetteur qui peut ainsi repérer d'éventuels bâtiments ennemis.. Or, la propagation des ondes acoustiques dépend des propriétés, et notamment la température, de l'eau dans laquelle elles circulent. Il est donc important de connaître

[*] Institut français de recherche pour l'exploitation de la mer.
[†] Centre national de la recherche scientifique.
[‡] Les notes numérotées fournissent des références bibliographiques regroupées en fin d'ouvrage.

ces dernières. Un département de recherche était prévu au sein du Cmo, pour étudier les processus océaniques importants pour les Snle, donc ayant une influence sur la propagation des ondes acoustiques. En gros, il s'agissait des processus dits de « méso-échelle » (c'est-à-dire ayant une taille de l'ordre de dix à cent kilomètres, et une durée de l'ordre de quelques jours) se déroulant en Atlantique Nord-Est.

J'ai choisi de rejoindre le Cmo pour plusieurs raisons : les thématiques de recherche à couvrir étaient vastes et incluaient une variété de processus qui m'intéressaient ; le recrutement se faisait immédiatement en sortie d'école d'ingénieur, avant même le doctorat, et donc sans les incertitudes associées aux recrutements dans les universités ou au Cnrs ; le Cmo démarrant son activité, il lui était alloué des fonds importants ; les discussions avec les responsables me laissaient entrevoir des activités assez variées, allant de la recherche fondamentale à des possibilités d'évolutions en dehors de la recherche. Opter pour le Cmo m'a donc paru à l'époque la solution la plus facile à mettre en œuvre, et offrant les perspectives de travail les plus intéressantes.

La finalité militaire du Cmo n'a pas joué, je crois, ni comme motivation, ni comme frein. Notre monde me paraissait trop instable, trop à la merci de la violence de quelques-uns, pour qu'il fût réaliste de se passer d'une armée. Je n'aurais pas voulu œuvrer au sein d'une composante trop offensive, mais contribuer à la défense de notre pays au travers de la dissuasion me paraissait acceptable. Avec le recul, je me rends compte aujourd'hui que ma réflexion a été un peu rapide. La dissuasion pose des questions éthiques importantes. Est-il, par exemple, licite de menacer des populations civiles avec des missiles nucléaires ? Ces questions dépassent le cadre de ce travail, mais elles rappellent que la finalité de l'institution dans laquelle on choisit de travailler peut être lourde d'enjeux éthiques qui méritent qu'on leur prête attention.

Après mon Dea*, le Cmo m'a placé à l'université Paris VI pour que j'y effectue mon doctorat. Le démarrage a été un peu difficile. Un aspect qui m'a beaucoup dérouté est la façon de choisir un sujet de recherche. Un travail de recherche a pour but d'explorer des domaines nouveaux. Un sujet de recherche valable est donc un sujet qui n'a pas encore été abordé, ou alors seulement partiellement mais sur lequel les conclusions ne sont pas satisfaisantes. C'est aussi un sujet pour lequel on a de nouvelles approches à proposer, qui soient, *a priori*, envisageables et réalistes. Cela fait beaucoup de conditions... Pour cerner un tel sujet, il faut ainsi en premier lieu être très au courant des avancées de la recherche dans le monde : le chercheur y consacre beaucoup de temps, en lisant des revues spécialisées, en participant à des congrès, en assistant à des présentations faites au sein de son laboratoire. Mais pour le novice, identifier les problèmes non résolus n'est pas simple, car il part de zéro. Se plonger dans la lecture d'articles très spécialisés, assister à des conférences tout aussi spécialisées, n'est pas chose facile. Choisir un sujet de recherche suppose en second lieu d'être capable de prendre du recul pour identifier les limites des conclusions éventuellement déjà apportées sur le sujet envisagé, et être capable d'envisager de nouvelles approches ; ceci suppose une certaine expérience qui fait défaut au débutant.

Une autre source importante des difficultés rencontrées dans le démarrage de mon travail de recherche a été le décalage entre la formation scientifique que j'avais reçue, et le travail de recherche que j'entamais. Très schématiquement, la première consiste essentiellement à apprendre des théories et à les appliquer pour résoudre des problèmes calibrés à l'avance, et la deuxième à imaginer comment calibrer les problèmes pour qu'ils puissent être résolus par des techniques connues. L'imagination, la créativité, l'adaptabilité occupent ainsi une place beaucoup plus importante dans le travail de recherche –

* Diplôme d'étude approfondi, de nos jours dénommé Master 2 recherche.

même si la rigueur de l'analyse reste utile. Je décrirai un peu plus loin comment tout cela s'organise. Il résulte de ces considérations que l'encadrement (directeur de thèse, comité de suivi parfois mis en place) joue un rôle important dans cette phase de démarrage.

J'ai rapidement été très séduit par la liberté qui règne dans le monde de la recherche. Comparé aux autres travailleurs que je côtoyais, ayant leurs objectifs, leurs horaires, leur hiérarchie parfois, les chercheurs m'ont paru très libres, depuis le choix de leurs thèmes de recherche, de leur inflexion éventuelle au fil de leurs explorations, jusqu'aux heures (il y a les matinaux et les couche-tard) voire lieu (au laboratoire, chez lui..) où ils choisissent de travailler. Cette liberté est évidemment extrêmement appréciable, mais elle repose sur certains fondements que je discuterai plus loin.

En accord avec mon chef direct au Cmo, le responsable du département recherche, j'avais choisi comme travail de thèse d'étudier la génération de tourbillons océaniques à partir d'un courant circulant au large du Portugal. Les tourbillons océaniques sont des structures de plusieurs centaines de kilomètres de diamètre, quelques centaines de mètres d'épaisseur, et qui font une rotation sur eux-mêmes tous les trois ou quatre jours environ.

Je n'ai pas beaucoup avancé au cours des premiers mois. Le défrichage du terrain fut lent, et la mise en œuvre des outils classiques que j'avais adoptés initialement, laborieux et peu féconds. Quelques mois plus tard, je découvris au cours d'un séjour à Florida State University, aux Etats-Unis, d'autres outils analytiques qui m'ont paru extrêmement prometteurs. J'ai exploré comment ces outils pouvaient être appliqués à mon problème, comment il fallait adapter ce dernier, et quelles techniques mathématiques je pouvais alors mettre en œuvre pour résoudre les équations finales. J'ai déjà évoqué plus haut combien ce type de travail théorique me plaisait. Après plusieurs mois de travail, j'ai finalement abouti avec beaucoup de satisfaction à une solution de mon problème.

Dans le même temps, j'avais entamé une validation expérimentale de certaines hypothèses que j'avais faites pour développer ma théorie analytique. Il y avait au laboratoire quelques appareillages. Dans une bassine pleine d'eau, mise en rotation pour reproduire les effets de la rotation terrestre*, j'ai créé un courant reproduisant celui qui m'intéressait, et j'ai observé si son comportement était en cohérence avec ma théorie. Mener à bien ces expériences a pris plusieurs mois, depuis leur conception, les quelques bricolages à réaliser, jusqu'à la mise en œuvre –il y a eu beaucoup d'essais ratés du fait de mauvaises manipulations. Cela m'a permis d'étudier le processus dans une configuration certes simplifiée, mais néanmoins réelle.

J'ai enfin corroboré tous ces résultats avec des simulations numériques, c'est-à-dire en recourant à un programme informatique qui, grâce à des méthodes mises au point par des mathématiciens, pouvait résoudre le détail des équations de la physique des océans, autrement insolubles à la main, faire des calculs dans des configurations complexes, accéder à des renseignements fins, etc. Le programme que j'ai utilisé existait déjà, mais sa prise en main, son adaptation à mon problème, la correction des nombreux « bugs » (erreurs de programmation) que l'on fait inévitablement, les simulations proprement dites, la vérification des résultats, ont nécessité là aussi plusieurs mois de travail. Ces simulations m'ont permis d'obtenir des résultats sans les hypothèses simplificatrices faites analytiquement, d'aborder des configurations plus complexes, d'élargir les résultats et d'accéder à des résultats quantitatifs plus détaillés.

Tous ces travaux se sont révélés très riches. Ils fournirent des explications nouvelles pour la formation de certains types de tourbillons au large du Portugal, en prédisant des tailles et

---

* La rotation terrestre a un impact majeur sur le comportement de l'océan (et de l'atmosphère). Cet impact est représenté par la force de Coriolis, qui dévie les mouvements vers la droite dans l'hémisphère nord. Elle explique l'existence des nombreuses structures circulaires (cyclones, anticyclones) que l'on rencontre dans l'océan (et l'atmosphère).

périodicité de formation cohérentes avec les observations existantes.

On voit ainsi que la liberté dont je jouissais prenait du sens et s'avérait avoir des vertus : elle m'a permis de ne pas être coincé dans une méthodologie stricte, dans un sujet restrictif, dans un domaine étroit. De plus, en me permettant de choisir une approche qui me convenait intellectuellement, qui me motivait, elle a été un puissant ferment de créativité, une stimulation pour avancer, débroussailler et résoudre les problèmes. Au-delà de la créativité, la liberté dans la recherche allait révéler d'autres vertus. La théorie que j'avais échafaudée était suffisamment générale pour être appliquée d'une part à d'autres zones géographiques, et d'autre part pour permettre d'explorer théoriquement ce qui allait se produire en changeant la configuration géométrique du courant, c'est-à-dire lorsque le courant étudié ne circulait plus vers l'ouest comme celui au large du Portugal, mais dans d'autres directions. Disposer de la liberté de suivre toutes ces pistes nouvelles, complètement inattendues et imprévues initialement, pouvait contribuer *in fine* à l'avancement de la recherche…

Pourtant, dans mon cas personnel, d'autres paramètres étaient à prendre en compte. Nombre de ces pistes de recherche n'entraient pas directement dans les préoccupations du Cmo, dont la zone d'intérêt était l'Atlantique nord-est : expliquer le comportement d'un courant au nord de l'Australie n'était pas prioritaire pour lui… Il me semblait normal que mon employeur, qui me payait, eût un droit de regard sur mes activités. J'ai donc consulté mes responsables directs qui m'ont donné leur accord pour poursuivre mes travaux, d'autant plus aisément qu'ils voyaient dans un doctorat avant tout une formation *par* la recherche, et pas seulement l'obtention de résultats directement utilisables. J'ai donc effectivement commencé à élargir mon travail à ces autres configurations.

Ces années ont été l'occasion de découvrir la recherche, ses joies et ses difficultés ; d'apprendre plein de choses sur l'océan, de découvrir de nombreux outils (analytiques, numériques, expérimentaux) ; de commencer à observer le monde de la recherche, la liberté qui y règne, son financement, ses habitudes, ses conflits.

En 1996, après avoir soutenu ma thèse, j'ai rejoint la section recherche du Cmo, à Brest. J'arrivais avec un stock important de pistes de recherche. Je l'ai évoqué, quand le chercheur répond à une question, il en soulève souvent plusieurs nouvelles, ouvrant ainsi de nouveaux champs de recherche. Mais aborder ces champs était-il licite ? La question que je m'étais posée au cours de ma thèse se présentait à nouveau, avec cette différence que je me trouvais cette fois en poste au Cmo. La politique de recherche ne m'a pas semblé établie de façon très cohérente à tous les échelons du Cmo : si mes responsables directs m'avaient jusqu'à présent laissé une relative liberté, des responsables plus haut placés avaient parfois manifesté plus de dirigisme. Peut-être aussi, plus profondément, la réponse à ce type de question n'est pas si simple. Toujours est-il qu'à cette époque, j'ai finalement continué de creuser les pistes débroussaillées en thèse. Avec mon collègue américain, nous avons poursuivi nos travaux, en utilisant et développant les outils analytiques et numériques mis en place au cours de la thèse. Nous avons ainsi abordé sur un plan théorique de nouvelles configurations de courants. Certaines, comme celles du Portugal, produisaient des tourbillons, d'autres non. Pour toutes les situations étudiées, nous avons pu comparer avec succès nos résultats avec des observations déjà publiées sur des courants existant dans la réalité… sauf dans un cas : lorsque le courant est orienté au sud, nos études prévoyaient un comportement encore jamais observé, soit que ce comportement, un peu inhabituel, n'ait pas attiré l'attention des observateurs, soit que l'écoulement résultant, de faible intensité, soit facilement masqué par d'autres processus, soit pour une autre raison non envisagée encore. Dans tous les cas, une nouvelle piste de recherche s'ouvrait là.

Dès 1997, j'ai commencé à encadrer des étudiants en stage de Dea. C'était pour moi transmettre, expliquer, choses que j'apprécie. C'était aussi une bonne façon de faire avancer mes propres travaux et, en participant à la formation doctorale, de nouer des contacts à l'extérieur. Dans cet esprit, j'ai également commencé à dispenser quelques cours à l'université de Brest, et à l'Ecole nationale de techniques avancées (Ensta, école d'ingénieurs située à Paris), autour des sujets que j'avais développés au cours de ma thèse. Ces activités font souvent partie de la vie des chercheurs : au fait de la science qui avance, ils peuvent transmettre aux étudiants de troisième cycle les connaissances les plus récentes.

Au Cmo, j'avais désormais des collègues, avec qui il pouvait être judicieux de collaborer, de monter des projets. La tâche s'est révélée dans la pratique plus difficile à mettre en œuvre que prévu, chacun étant embarqué dans ses propres travaux, assez éloignés les uns des autres. Il y avait là des questions de coordination qui se posaient, avec en arrière plan de nouveau cette question de la liberté, de l'autonomie de chacun. C'est finalement à l'extérieur du Cmo que j'ai noué des collaborations avec des chercheurs travaillant sur des thèmes plus proches des miens. Ainsi, à partir de 1998, j'ai pu participer (modestement) à un programme de recherche qui se montait alors au niveau national. Il s'agissait de réaliser un modèle numérique très haute résolution (pour l'époque) simulant l'Atlantique. L'importance des budgets nécessaires, des plages de temps de calculs demandées sur les ordinateurs les plus puissants du moment, des tâches préparatoires à effectuer, avaient conduit à cette collaboration. De façon générale, la recherche a tendance à consommer des moyens de plus en plus coûteux, ce qui conduit les chercheurs à travailler ensemble sur des projets de plus en plus importants. C'est ainsi bien souvent le cas en océanographie, avec les besoins en ordinateurs, images satellites, moyens de mesure, bateaux… Ma participation à un tel projet a été très instructive : A côté de quelques scientifiques chevronnés, nous étions un certain nombre de jeunes chercheurs pour lesquels il était très formateur d'assister ainsi à la science en train de se faire, aux débats, aux controverses, aux choix stratégiques.

A de nombreuses reprises au cours de mes travaux, je me suis trouvé confronté à une difficulté : une trop forte envie de trouver. Le chercheur ne se contente pas de chercher, il aime aussi aboutir. Il a donc envie que les théories qu'il échafaude rendent bien compte de la réalité, que les expériences ou les simulations numériques qu'il réalise soient cohérentes avec la théorie qu'il a parfois déjà en tête, etc. Cette envie est naturelle. Sans elle, il n'avancerait pas, et il en a donc besoin. Mais point trop n'en faut non plus, car une trop forte envie peut le conduire à biaiser ses résultats, consciemment ou non. Consciemment, en éliminant certains résultats qui ne cadrent pas avec l'ensemble tel qu'il se le représente. Inconsciemment, en faussant le jugement.

Lorsque j'ai réalisé des expériences dans des bassines d'eau, j'ai fait un certain nombre de tentatives avant que mon directeur de thèse et moi-même ayons estimé que ma procédure expérimentale fonctionnait bien. Cette démarche paraît naturelle. Pourtant, si on y regarde d'un peu plus près, comment avons-nous jugé que la procédure était au point ? Les seuls critères dont nous disposions étaient des critères issus de nos analyses théoriques : nous nous attendions plus ou moins à observer tel comportement des écoulements dans la bassine, et tant qu'ils ne sont pas apparus, nous avons estimé que notre procédure n'était pas au point. Ainsi, la qualité de l'expérience était estimée en fonction de son accord avec la théorie qu'elle était supposée valider ou invalider. Le serpent semblait donc un peu se mordre la queue, puisque nous faisions des expériences pour valider une théorie dont nous nous servions pour contrôler la qualité des expériences…

Cette présentation est, bien sûr, un peu schématique. En fait, le travail scientifique rigoureux doit être une élaboration parallèle de la théorie et de l'expérience. L'expérience va produire des résultats qui peuvent conduire à modifier la théorie, qui à son tour va modifier le regard que l'on porte sur les expériences, et ainsi de proche en proche, on doit essayer de faire converger le tout. De plus, il peut y avoir des critères légitimes pour rejeter certaines expériences : par exemple, dans mes premières expériences, des oscillations étranges se produisaient au sein du courant. Je les ai considérées non valables car je me suis rendu compte qu'elles avaient leur origine dans le système de mise en rotation de la cuve, qui avait perdu de sa régularité. Une fois cette irrégularité corrigée, les oscillations ont disparu.

Mais je crois qu'il peut y avoir bel et bien des failles dans le processus. Par exemple, en cas de divergence entre théorie et expérience, il n'est pas toujours évident de déterminer qui de la première ou de la seconde est correcte ; ou bien encore, on ne comprend pas toujours ce qui provoque des résultats déroutants ; parfois, c'est en toute bonne foi que des résultats sont éliminés car jugés aberrants ; parfois, seules quelques exceptions empêchent un accord parfait, et il est tentant de ne pas tenir compte de ces dernières. Face à ces incertitudes, il faut au chercheur beaucoup de rigueur, d'honnêteté, de modestie, bref un certain nombre de qualités morales pour ne pas être tenté plus ou moins consciemment d'infléchir ses résultats. L'objectivité scientifique nécessite de mobiliser des valeurs.

Enfin, lorsque j'ai effectivement débouché sur des résultats satisfaisants, je me souviens que, derrière le plaisir d'avoir résolu le problème, je me suis souvent étonné que la complexité des processus océaniques puisse être rendue par une étude fondée sur quelques équations.

Il est indispensable pour un chercheur de se tenir au courant des avancées de la recherche. Cela passe en premier lieu par la lecture régulière des revues spécialisées déjà évoquées. S'y abonner coûte cher, et au Cmo, peu de ces revues étaient disponibles du fait du jeune âge du centre. Des abonnements avaient été pris, mais ils ne permettaient pas de se procurer les anciens numéros –auxquels il est souvent fait référence dans les articles. La bibliothèque universitaire était là heureusement. De nos jours, la publication et l'archivage de nombreux journaux sur internet résout une partie de ces problèmes, même si les coûts d'accès demeurent élevés. En deuxième lieu, j'assistais de temps à autre aux exposés donnés par tel ou tel chercheur, local ou de passage. Ces exposés avaient lieu à l'université ou à Ifremer, dotés de gros laboratoires d'océanographie, avec de nombreux chercheurs et de nombreux visiteurs. On voit là – comme pour les abonnements- des problèmes de masse critique surgir : un petit laboratoire s'abonne à moins de revues, reçoit moins de visites, est moins source d'échanges, d'ouverture. J'ai également commencé à me rendre dans des congrès, tant pour présenter mes travaux, que pour assister aux présentations d'autres chercheurs. Activité qui parfois faisait sourire mon entourage car souvent, l'utile était joint à l'agréable : les congrès sont rarement dans des lieux déplaisants, et j'ai ainsi découvert Nice, La Haye, Vienne, le New Hampshire aux Etats-Unis, Miami…

J'ai également commencé à être sollicité par des éditeurs de revues spécialisées pour faire la critique d'articles scientifiques. Avant d'être publié, tout article scientifique est soumis à (en général) deux relecteurs anonymes qui en vérifient la validité scientifique, et peuvent soit rejeter l'article, soit demander des compléments, soit encore en accepter la publication. Les relecteurs sont eux-mêmes des chercheurs, choisis par l'éditeur de la revue comme étant de bons spécialistes du domaine concerné. Cela fait partie du travail habituel des chercheurs que de procéder ainsi régulièrement, à la demande, à des relectures.

Mes propres recherches débouchaient régulièrement sur des publications. Le Cmo, tout organisme militaire qu'il était, nous le permettait, et même nous y encourageait, car nos travaux n'avaient pas de caractère confidentiel. Pour une de nos études, ce processus de publication a été une cause de surprise. L'article que nous avons soumis est revenu, quelques mois plus tard, avec des demandes d'approfondissement des relecteurs. Cependant, pris par d'autres travaux, nous avons dépassé la date limite pour répondre : il a fallu recommencer le processus depuis le début, et notre article a été envoyé à de nouveaux relecteurs. Quelques mois sont encore passés avant que nous recevions leurs remarques. L'une d'entre elles évoquait des résultats figurant dans un autre article venant d'être publié. Nous l'avons consulté, et quelle ne fut pas notre surprise de lui trouver une problématique voisine de la nôtre, avec une introduction quasiment identique… Même si les articles divergeaient à partir d'un certain stade, nous nous en sommes étonnés auprès de l'éditeur. Celui-ci nous a affirmé que les auteurs de cet article n'étaient ni les relecteurs de la première version de notre propre article, ni ceux de la deuxième. Nous ne saurons pas le fin mot de l'histoire, mais il y a eu visiblement des fuites.

En 1999 a surgi une nouvelle question concernant l'orientation de mes recherches. Au cours des années quatre-vingt-dix, du fait de l'évolution du contexte géostratégique international, la politique de défense de la France a subi de profonds remaniements. Est alors apparu un nouveau besoin : le soutien au débarquement de forces dans des zones sensibles, dans un contexte océanographique nouveau, l'océanographie côtière. Il a donc été demandé au Cmo de lancer des recherches dans ce domaine, et j'ai été sollicité pour ce faire. Je me suis trouvé très partagé. Cette thématique m'intéressait, mais je savais aussi que le virage serait long à prendre. J'avais aussi conscience de devoir contribuer aux objectifs de mon employeur. Bref, je me suis trouvé là au carrefour d'interrogations multiples, pas très bien maîtrisées, je crois, mais j'ai finalement pris ce virage.

A partir de 1999 également, j'ai eu à gérer des projets de recherche, et donc à m'intéresser au financement de la recherche. Le Cmo disposait de moyens financiers assez importants, destinés non seulement à nos propres recherches, mais aussi à soutenir des recherches dans des laboratoires extérieurs. L'attribution de ces derniers financements nous est incombée. Avec mes collègues, nous avons décidé de procéder à un appel à propositions sur les thématiques intéressant le Cmo, que nous avons diffusé le plus largement auprès des laboratoires d'océanographie en France. Ce type de procédure est en fait assez courant dans le monde de la recherche. Je l'avais rencontré aux Etats-Unis, où il était déjà très répandu, et il s'est développé en France et en Europe ces dernières années. D'un certain point de vue, il permet au financeur de lancer des recherches dans les domaines qui l'intéressent. D'un autre point de vue, il oriente les travaux des chercheurs, et semble donc aller à l'encontre de la liberté du chercheur dont j'ai mentionné les vertus. De plus, faire une proposition suppose d'avoir une idée assez précise des travaux que l'on va mener. Comment dans ces conditions envisager explorer des domaines inconnus de la connaissance ?

Cette gestion financière m'a aussi fait prendre conscience des budgets de la recherche. Par exemple, dans le domaine de l'océanographie, une campagne à la mer suppose l'envoi d'un navire, avec de nombreuses personnes à bord, des appareils complexes... Ce type de navire coûte de l'ordre de 60 millions d'euros à la construction. Le coût d'une campagne est facturé environ 20 000 euros par jour, soient 300 000 euros pour une campagne moyenne d'une quinzaine de jours. Ce coût ne prend pas en compte les salaires des personnes embarquées. Sur les plus gros bâtiments océanographiques français, il peut y avoir vingt à trente membres d'équipage, auxquels il faut ajouter les chercheurs et techniciens pour les aspects scientifiques. Les données recueillies sont ensuite exploitées par, typiquement, un ou deux chercheurs pendant deux ou trois années, et fournissent des résultats donnant lieu à deux ou trois publications scientifiques.

D'autres chiffres permettent de donner quelques points de repère supplémentaires : le coût d'un calculateur permettant de faire des simulations numériques est de l'ordre de 1 000 000 € pour un calculateur de classe régionale (c'est-à-dire potentiellement utilisé par environ 50 personnes), dix à vingt fois plus pour un calculateur de classe nationale (utilisé par environ 1000 personnes). Si on tient compte du fonctionnement (énergie, réseaux, équipes de maintenance), il faut doubler ces montants.

Je me suis souvent demandé dans quelle mesure la recherche justifiait la mise en œuvre de tels moyens. Ce questionnement me concernait également, ainsi que mes collègues : nos salaires, nos frais de déplacement, nos frais d'inscription à des congrès, représentaient des sommes importantes. J'ai souvent eu ce sentiment de malaise en mettant en vis-à-vis ces moyens importants et les pas de fourmi que nous faisions faire à la recherche. Quelle était notre responsabilité à nous autres chercheurs lorsque nous utilisions ainsi l'argent du contribuable pour faire faire de petits pas à la recherche ?

Le 12 décembre 1999, le pétrolier Erika faisait naufrage au sud de la Bretagne. J'ai alors été sollicité pour participer à un groupe d'experts mobilisés pour l'occasion, avec des personnes de divers organismes brestois, dont l'université, Ifremer, le Cedre*. Les réunions ont surtout montré le manque de coordination entre ces divers organismes, et de moyens concrets que nous pouvions proposer. Au Cmo, nous n'avions pas d'outils véritablement opérationnels pour ce genre de situation, et le chercheur fondamental que j'étais n'avait pas de connaissances pratiques utilisables. L'expertise n'est pas un exercice simple, il nécessite des connaissances pointues sans doute, mais plus proche de l'applicatif que du fondamental, je pense. Pourtant, ces distinctions ne sont pas forcément connues à l'extérieur : il est possible que le grand public, le décideur, ait tendance à parer le chercheur de toutes les connaissances utiles, et lui fasse ainsi exagérément confiance. Inversement, il peut être tentant pour le chercheur de se parer de telles vertus. Enfin, il ne faut pas oublier qu'il peut y avoir un certain prestige, tant pour le chercheur que pour l'organisme qui l'emploie, à faire partie d'une commission d'experts.

Ainsi, au fil des années s'est mise en place une activité assez typique, je crois, pour un chercheur : projets qui s'enchaînent, publications, encadrement, enseignement, expertise.

Approche de tels questionnements

Fin 2004, je suis devenu enseignant-chercheur aux Ecoles de Saint-Cyr Coëtquidan, dont le centre de recherche, multidisciplinaire, abrite un département d'éthique que j'ai rejoint. J'ai pu accomplir une formation doctorale qui m'a conduit, à travers mon propre parcours, à poser un regard éthique sur la recherche.

Le terme « éthique » est employé dans des acceptions assez diverses, et il est nécessaire de commencer par préciser le sens que je lui donnerai ici. Lorsque nous devons prendre une

* Centre de documentation, de recherche et d'expérimentations sur les pollutions accidentelles des eaux.

décision morale –de l'ordre du bien et du mal-, nous devons tenir compte de différents types de normes : lois, règles morales, déontologie. Si la situation est complexe, nous devons arbitrer entre ces différentes normes : nous recourons alors à ce que j'appellerai l'éthique. Précisons tous ces termes avec l'aide du dictionnaire[2].

La loi est une « *prescription établie par l'autorité souveraine de l'État, applicable à tous et définissant les droits et les devoirs de chacun* ». C'est, je crois, assez clair, et il n'y a généralement pas de divergences de point de vue sur cet aspect.

Le dictionnaire fournit plusieurs définitions différentes de la morale. Je choisirai la première : « *Ensemble de règles de conduite, considérées comme bonnes de façon absolue ou découlant d'une certaine conception de la vie* ». Une règle morale typique est « ne pas mentir ». La morale s'approche de la loi, en ce sens qu'elle prescrit des comportements. Pourtant, la règle morale diffère de la loi. Elle n'a pas la même origine, elle n'est pas établie par une autorité souveraine, mais résulte plutôt d'un consensus plus ou moins tacite au sein de la société, ou provient d'une religion, etc. La règle morale n'a pas le même caractère obligatoire que la loi, on n'encourt pas de poursuite judiciaire si on ne la respecte pas.

D'accord avec le dictionnaire, je donnerai au terme de déontologie le sens d' « *ensemble des règles et des devoirs qui régissent une profession* ». Il s'agit en quelque sorte de la morale professionnelle. L'expression « déontologie médicale » est courante, qui enjoint par exemple aux médecins de respecter le secret médical.

Venons-en enfin à l'éthique. Le même dictionnaire indique « *qui concerne la morale* » : comme souvent, éthique et morale y sont ainsi interchangeables. Je souhaite pourtant faire une distinction, et je donnerai au terme « éthique » le deuxième sens que propose le dictionnaire pour le terme de morale, à savoir « *science du bien et du mal* ». L'éthique est alors la science qui consiste à réfléchir et décider, au cas par cas, ce qu'il convient de faire, c'est l'art de résoudre les dilemmes moraux compliqués. Ces dilemmes se présentent quand des lois, des règles morales ou déontologiques, entrent en conflit, ou encore lorsqu'il n'y a aucune règle pour nous guider. Par exemple, une règle morale nous enjoint de ne pas mentir, mais y a-t-il des situations où le mensonge est néanmoins moralement justifié ? Puis-je mentir pour sauver une personne poursuivie par des assassins ?

L'éthique est donc avant tout une *démarche* qui vise à résoudre des cas de conscience complexes et singuliers, afin d'agir au mieux et déboucher sur une décision moralement argumentée. Elle réfléchit aux valeurs en jeu, à leurs conflits éventuels. La valeur est instituée par l'homme pour interpréter et hiérarchiser les faits, les juger. Le fait, c'est ce qui est, la valeur, c'est ce qui mérite d'être*. Le terme de valeur s'applique dans de nombreux domaines. La valeur morale porte sur les notions de Bien et de Mal, la valeur esthétique (d'une œuvre d'art par exemple) porte sur le beau et le laid, la valeur logique (d'une proposition) porte sur le critère de vrai ou de faux, jusqu'à la valeur au sens économique du terme.

Si l'éthique s'ancre dans le singulier, elle peut aussi, par la pertinence des réflexions qu'elle permet et des arguments qu'elle mobilise, être à l'origine de règles de portée assez générale, voire de lois. La réflexion éthique permet donc de prendre des décisions justes dans l'instant, mais aussi de mettre à jour des principes plus généraux pour mieux appréhender les situations futures.

Ainsi, recourir à l'éthique pour faire une relecture de mes années de recherche peut s'avérer riche à bien des égards. Les problèmes que j'ai rencontrés sont, dans le fond, assez fréquents dans le monde de la recherche, et assez facilement transposables

---

* Cette définition peut certainement être affinée. On peut par exemple contester le caractère objectif des faits. La perception de la réalité ne se fait-elle pas au moyen de nos sens et de notre cerveau –subjectifs par essence ? Choisir d'isoler tel fait au sein du flux de la réalité n'est-il pas encore la marque de notre subjectivité ? Ces considérations montrent que l'opposition fait-valeur n'est pas si évidente, et a conduit de nombreux penseurs à tenter de raffiner la distinction. Entrer dans ces subtilités nous ferait néanmoins dépasser le cadre de ce travail.

à d'autres chercheurs travaillant dans d'autres contextes. De plus, la démarche éthique et les savoirs mobilisés pour aborder ces problèmes confèrent à l'analyse une portée générale réutilisable dans d'autres contextes que le mien propre. Enfin, nous verrons que la démarche éthique permet non seulement d'apporter des réponses, mais aussi d'identifier les questions. Elle conduit ainsi à élargir le champ du questionnement.

La réflexion éthique est un art qui n'est simple à mettre en œuvre pour personne *a priori*. Le Master que j'ai suivi atteste du bagage qu'il faut engranger pour en acquérir quelques rudiments. Cependant, il me semble que les scientifiques doivent faire face à deux difficultés particulières qui leur sont propres.

La démarche éthique est compliquée pour un chercheur rodé à la démarche scientifique. Ces deux démarches ont certes des points communs. Ainsi, toutes deux mènent une exploration critique : dans le domaine de la connaissance pour la deuxième, dans le domaine des valeurs pour la première. Toutes deux recherchent également une certaine généralité, mais c'est là que les divergences apparaissent. La démarche scientifique cherche à formuler des lois générales, valables pour tous les cas, la démarche éthique s'y refuse, considérant que chaque cas est singulier. Elle cherche cependant à avoir une *portée* générale, comme on l'a vu un peu plus haut. Ainsi, la démarche scientifique cherche à résoudre des problèmes avec le plus de généralité possible, tandis que c'est en se confrontant au singulier que la démarche éthique progresse.

Il me semble d'autre part que les chercheurs doivent affronter une autre difficulté pour prendre en charge l'éthique, difficulté qui est un héritage de l'histoire. Montrer comment la science contemporaine s'est construite nous aidera à mieux cerner cette difficulté.

Pendant longtemps en Occident, la science telle qu'on l'entend aujourd'hui n'a pas vraiment existé. Dans le modèle hérité de l'Antiquité grecque, il existait, au sein de la philosophie, une branche s'intéressant à la compréhension de la nature, mais sans employer la méthodologie ou les outils de la science moderne. Elle constituait un des moyens de compréhension, de « contemplation » du monde, sur un plan comparable à la métaphysique.

La compréhension du monde n'était alors pas déconnectée de souci moral. Ainsi, par exemple, dans la conception aristotélicienne, comprendre la nature, c'était permettre à l'homme d'y trouver sa juste place par un comportement approprié. De même, dans une certaine perspective chrétienne, et en particulier celle de Saint Augustin ou celle de Saint Thomas d'Aquin, le monde, création de Dieu, était le signe de sa perfection, et sa contemplation devait contribuer à notre émerveillement et à notre foi.

La science telle qu'on l'entend aujourd'hui s'est construite aux XVIe-XVIIe siècles au cours de ce qu'il est convenu d'appeler la Révolution scientifique[*]. Cette révolution, amorcée en astronomie avec la thèse copernicienne de l'héliocentrisme, a été rendue possible grâce, entre autres, à une remise en cause de l'argument d'autorité, et en particulier celle d'Aristote et de l'Eglise, pour qui la Terre était au centre de l'univers. La science s'est alors séparée de la philosophie en développant de nouvelles méthodes pour explorer la nature[3] : expérimentation, mesure quantitative, calcul. Pour en tirer parti, elle recourut de plus en plus aux mathématiques, qui connaissaient elles-mêmes un nouvel essor. La science se sépara donc complètement de la philosophie, pour se ramener à l'observation des faits, à l'application de méthodes aussi rationnelles que possible, afin de se prémunir contre toute influence extérieure.

Ce souci d'indépendance va aller croissant. Ainsi, la charte de la Royal Society, créée à Londres en 1662, enjoint à ses membres de « *ne pas se mêler* »[4] de tout ce qui ne serait pas scientifique : pour garantir le chercheur de toute pression en provenance de l'extérieur du monde de la science, on lui a enjoint de ne pas y mettre le pied.

---

[*] Dans la suite, c'est à elle que je me réfère chaque fois que j'emploie un « R ».

Ainsi, du fait du contexte de l'époque, il semble que la recherche d'objectivité a incité le chercheur à se cantonner de façon draconienne dans sa sphère scientifique. De nos jours, la science ne cherche plus à se développer, à s'affirmer, à acquérir ses lettres de noblesse, et ce positionnement radical n'a plus forcément lieu d'être. Il a pourtant la vie dure, et encore aujourd'hui, les scientifiques ont tendance à se tenir à l'écart de toute préoccupation morale.

Le décalage méthodologique entre démarche éthique et démarche scientifique d'une part, et la préoccupation de l'objectivité qui retient le chercheur de penser son travail d'autre part, rendent donc la démarche éthique difficile pour le scientifique. Comme l'a écrit Edgar Morin : « *Nul n'est plus désarmé que le scientifique pour penser sa science* »[5]. Je montrerai ces difficultés tout au long de ce travail.

Poser un regard éthique sur une situation nécessite un décentrement préalable. Il s'agit de prendre du recul par rapport à la situation considérée afin d'en voir les différentes facettes. Il s'agit de multiplier les regards, les points de vue, pour percevoir les arguments qui peuvent être invoqués, et d'arriver ainsi à une solution solidement étayée du problème. Une telle prise de recul est facilitée si on s'appuie sur les nombreux travaux ayant la science ou la recherche scientifique pour objet de réflexion. Ces travaux relèvent de disciplines variées : philosophie des sciences, épistémologie, histoire des sciences, sociologie des sciences… Je mentionne en annexe les principaux ouvrages que j'ai lus.

Par ailleurs, l'approche éthique d'un sujet suppose la mise en œuvre de raisonnements éthiques. Différents types de raisonnement –de théories éthiques- ont été proposés au fil des siècles par les philosophes. Ils s'intéressent aux fondements de nos jugements moraux, aux principes à respecter, à leur hiérarchisation, à l'argumentation, à la justification. A titre d'exemple, j'évoquerai ici deux théories éthiques assez opposées, qui permettent de disposer d'un ensemble d'arguments assez diversifié : la théorie déontologique d'E.

Kant[6], et la théorie utilitariste de J.S. Mill[7]. On trouvera en annexe des références supplémentaires.

Selon l'approche déontologique de Kant, mon action est moralement condamnable si elle porte atteinte à la dignité d'un être humain. La dignité d'un être humain réside dans le fait qu'il dispose d'une capacité délibérative et rationnelle qui lui permet de décider d'une façon autonome sur ses fins et les moyens les plus appropriés pour les réaliser. Si mon action manipule un tant soit peu autrui, elle est donc condamnable, car elle entame son autonomie. De ce point de vue, le mensonge est interdit, car mentir à quelqu'un revient à le manipuler, et donc à empiéter sur son autonomie et sa dignité.

Pour l'utilitariste, un acte est moralement justifié s'il accroît globalement la quantité de bien-être mesurée sur l'ensemble des personnes concernées par cet acte. Ainsi, sur la question de savoir si le mensonge est permis, un utilitariste n'apporte pas de réponse générale. Il préconise de regarder chaque cas particulier, et d'évaluer les conséquences globales qui vont découler soit du mensonge, soit de la vérité.

Imaginons par exemple qu'un homme me demande de le cacher dans ma maison, car il est poursuivi par un assassin. J'accepte. Arrive l'assassin, qui me demande si je n'ai pas vu l'homme qu'il recherche. Selon Kant, je n'ai pas le droit de mentir ici, même si cela pouvait sauver la vie de l'homme poursuivi, car je vais alors manipuler l'assassin. Selon l'utilitariste, le mensonge possède un aspect négatif, car il va tromper l'assassin qui va être floué, mais il permet de sauver une vie : il accroît donc largement le bien-être global, et est ici recommandé.

Si ces théories sont intéressantes par les raisonnements qu'elles proposent, les points de vigilance qu'elles suggèrent, aucune n'est exempte de faille. Ainsi, la théorie de Kant ne prête aucune attention aux conséquences, avec les effets pervers que l'on vient de voir. L'utilitarisme, quant à lui, encourage le « sacrifice des innocents », qui consiste à négliger quelques-uns si cela apporte du bonheur au plus grand nombre. Il demeure donc nécessaire, au cas par cas, d'articuler ces différentes théories éthiques entre elles, et de mûrir sa propre décision.

Organiser une réflexion rigoureuse

La description de mes années de recherche a mis en évidence le foisonnement des questions, des difficultés : elles semblent survenir à de multiples occasions, concerner de multiples aspects du travail de recherche. Il m'a donc semblé utile d'adopter une méthodologie qui permette de mettre de l'ordre dans tout cela, de mieux appréhender le champ des questions, de se rendre compte de la manière dont elles surgissent. Une telle méthodologie sera également utile afin de ne pas laisser de questions de côté : si j'en ai pressenti un certain nombre, une approche systématisée devrait, *a priori,* permettre d'en cerner bien d'autres. Enfin, en fournissant une vision organisée des types de questions que j'ai rencontrés, cette méthodologie donnera des repères, une grille d'analyse pour d'autres chercheurs, confrontés à des difficultés du même ordre.

La méthodologie que je suivrai consiste à analyser une séquence particulière de mon travail de recherche, celle qui m'a mené de l'étude de la génération de tourbillons au sud-ouest Portugal à l'exploration des mystères du Courant des anneaux dans le Golfe du Mexique. Je donnerai quelques indications sur ces courants un peu plus loin. Pour analyser cette séquence, j'y distinguerai trois aspects principaux : la détermination des sujets de recherche, le travail de recherche proprement dit, le devenir de mes résultats en dehors du monde de la recherche. Ces différents aspects se retrouvent, je pense, dans la plupart des activités de recherche. J'aborderai les difficultés éthiques spécifiques à chacun de ces trois aspects en autant de chapitres, ce qui m'aidera à organiser le foisonnement des questions suscité par la recherche.

Pour éclairer le premier grand aspect de cette séquence de recherche, la détermination des sujets de recherche, il faudra répondre aux questions suivantes : qu'est-ce qui m'a conduit à travailler sur le sud-ouest Portugal ? Comment ai-je ensuite abouti au Courant des anneaux, circulant à 6 000 kilomètres de là ? Quels paramètres ont influé ? Quelles personnes ont contribué à ces choix ? Est-ce que la façon dont cela s'est passé est pertinente, ou aurait-il été préférable que cela se passe autrement ?

Le deuxième grand aspect de mon travail, le travail de recherche proprement dit, comporte trois domaines.

Le premier domaine est le rassemblement des connaissances existantes sur le sujet. Dans son travail, le chercheur ne part jamais de rien, il s'appuie sur les connaissances accumulées au fil du temps, y compris jusqu'à aujourd'hui, par des générations de scientifiques. J'ai donc fait l'état des connaissances sur mes sujets, et tenté d'en déterminer les enjeux : quels sont les aspects qui faisaient consensus ? Ceux au sujet desquels il y avait polémique ? De quel type de matériau disposait-on (observations, modèles numériques, modèles théoriques, etc.) ? Ai-je pu accéder facilement à cette connaissance ? Comment me la suis-je appropriée ?

Le deuxième domaine du travail de recherche proprement dit est l'élaboration de la connaissance. Mes travaux ont ainsi comporté trois types d'approche : une approche théorique pour essayer de comprendre pourquoi des tourbillons se formaient, une approche numérique, c'est-à-dire le recours à des simulations sur ordinateurs, et une approche expérimentale, consistant à essayer de reproduire certains éléments des courants étudié dans une bassine d'eau. Comment toutes ces approches se sont-elles combinées ? Quelle fiabilité permettent-elles d'atteindre ? De quelles qualités doit faire preuve le chercheur pour les mener à bien ? La connaissance ainsi obtenue est-elle rigoureusement rationnelle, objective ? Quel rapport entretient-elle avec le phénomène naturel qu'elles tentent de décrire ?

Troisième domaine du travail de recherche proprement dit : la diffusion à la communauté scientifique des connaissances ainsi obtenues. Une fois les mécanismes de génération de tourbillons élucidés, je les ai décrits dans des articles que j'ai soumis à des revues scientifiques pour publication. J'ai décrit le processus de publication scientifique, et le système de *relecture* qui l'accompagne. Quelles en sont les qualités ? Les défauts ?

Troisième grand aspect de mon travail de recherche, le devenir des résultats obtenus, leur utilisation, leur impact en dehors du monde de la recherche. Par exemple, mes résultats pouvaient servir aux compagnies pétrolières travaillant *off-shore* dans le golfe du Mexique, afin d'anticiper le passage des tourbillons, qui risquent de perturber les manœuvres des navires.

Cet aspect, s'il ne consiste pas directement en une activité de recherche, en découle néanmoins immédiatement, et recèle des interrogations éthiques importantes pour les chercheurs eux-mêmes. Généralement d'ailleurs, quand on parle d'éthique et de recherche, les premières questions qui viennent à l'esprit sont celles posées par les applications découlant des recherches. On peut penser par exemple aux nombreuses questions soulevées par le clonage, par les manipulations génétiques, etc. A côté de ces recherches posant des questions si brûlantes, la compréhension de la génération des tourbillons semble faire bien pâle figure, mais je montrerai qu'il y a pourtant des questions à aborder.

Dans la pratique, un chercheur ne parcourt pas nécessairement ces différents aspects du travail de recherche de façon linéaire. Ainsi, les connaissances que l'on rassemble sur un sujet peuvent venir en infléchir la définition si certains éléments s'avèrent avoir déjà été traités ; ou encore, si le travail de recherche aboutit à des impasses, on peut être amené à modifier le sujet initial. Cette présentation est donc un peu idéalisée, mais je pense néanmoins qu'elle est utile pour clarifier les choses et cerner l'ensemble des questions qu'un chercheur est susceptible de rencontrer. Nous allons aborder chacun de ces aspects plus en détails dans les chapitres qui suivent.

Enfin, il est utile de constater que tous les problèmes ne relèvent pas nécessairement de l'éthique, et en tout cas ils ne se situent pas tous sur un même plan. Certains paraissent simples (par exemple qu'un relecteur ne profite pas de sa position privilégiée pour utiliser des résultats de l'article qu'il est en train de relire), d'autres plus complexes (ainsi, quelle limite à la liberté des chercheurs ?). Il sera plus intéressant de s'intéresser aux problèmes complexes, ceux qui méritent le qualificatif d'éthique. Nous verrons cependant que les apparences sont parfois trompeuses, et que la force de l'approche éthique est aussi de faire surgir des enjeux cachés au premier abord.

Les trois chapitres décrits ci-dessus chercheront à mettre en évidence et à éclairer les questions éthiques qui peuvent se poser à un chercheur. Je terminerai mon travail par un dernier chapitre dans lequel, à partir de ces analyses, je ferai des propositions concrètes pour que ces questions soient mieux prises en compte dans le monde de la recherche.

III. Questions éthiques entourant la détermination des sujets de recherche

Dans ce chapitre, je voudrais explorer la façon dont les thèmes de recherche sont choisis. Je m'appuierai pour cela sur une séquence de ma vie de chercheur, que je décrirai dans une première partie. Elle mettra en lumière des aspects posant question. Pour en aborder l'analyse, je commencerai par étudier d'un peu plus près ce que recouvre l'activité de recherche. Cela me conduira à une formulation plus précise des problèmes éthiques posés par les choix des sujets de recherche, et à mieux cerner le rôle des différents acteurs impliqués. J'aborderai pour terminer deux thèmes qui me paraissent centraux dans cette phase : la liberté de choix des sujets de recherche, et la responsabilité qui en découle.

La séquence de recherche sur laquelle je porterai mon analyse est celle qui s'est déroulée à mon entrée dans le monde de la recherche, et qui m'a conduit, en concertation avec mon employeur, le Cmo, à adopter comme thème de recherche l'étude de la génération de tourbillons océaniques à partir d'un courant circulant au large du Portugal.

Les circonstances

Je l'ai évoqué, pour améliorer la discrétion acoustique des sous-marins, le Cmo s'intéressait à la propagation des ondes acoustiques sous la mer. Les tourbillons océaniques ont sur cette dernière un impact important. Il y a deux raisons à cela. La première est qu'ils conservent leurs propriétés pendant très longtemps (plusieurs mois). Cela est vrai en particulier pour leur température : si le tourbillon se forme avec de l'eau à 12°C, cette température se maintiendra longtemps, même si le tourbillon se retrouve au sein d'une eau plus froide. La deuxième raison est qu'une fois formés, les tourbillons acquièrent, par un mécanisme complexe lié à la rotation et la sphéricité de la Terre, la capacité de se déplacer de façon autonome, approximativement vers l'ouest, à une vitesse de l'ordre de quelques kilomètres par jour. Il résulte de ces deux propriétés que les tourbillons peuvent véhiculer de l'eau ayant certaines caractéristiques au sein d'une eau ayant des caractéristiques différentes. Les tourbillons ont ainsi un impact important sur la propagation des ondes acoustiques sous-marines.

La côte ouest du Portugal est connue pour être un site important de formation de tourbillons. Le long de cette côte circule un courant en provenance de la Méditerranée (Figure 1), à partir duquel des tourbillons se forment fréquemment. Ces tourbillons sont constitués d'une eau plus chaude et plus salée (car issue de la Méditerranée) que l'eau environnante. Une fois formés, ils partent vers l'ouest et traversent tout l'Atlantique nord-est, zone d'intérêt du Cmo.

C'est sur l'étude et si possible la quantification des mécanismes de formation de ces tourbillons que nous nous sommes entendus de faire porter mes premiers travaux de recherche, et plus particulièrement sur le site de formation privilégié que semblait être le cap Saint-Vincent, extrémité sud-ouest du Portugal.

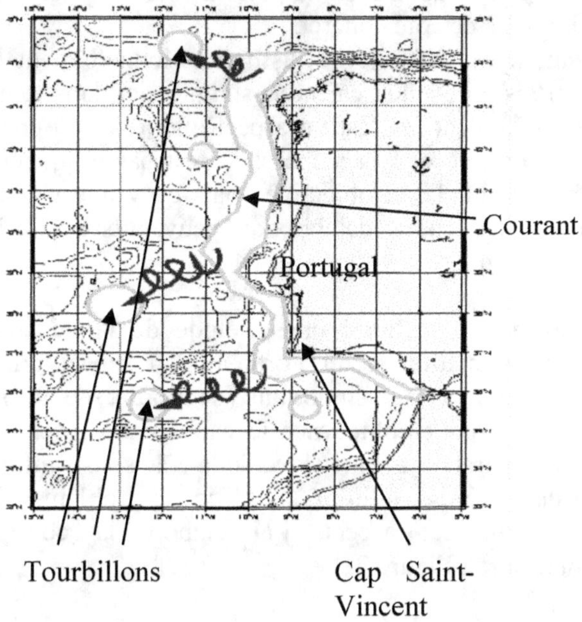

Figure 1 : formation de tourbillons au large du Portugal

En ce qui me concerne, j'ai du mal à dire précisément ce qui me motivait dans l'étude de la formation de ces tourbillons. Il y avait sans doute le fait qu'il s'agissait d'un problème théorique : j'ai évoqué plus haut que j'aime comprendre les choses, leur donner des explications qui permettent de construire l'enchaînement des causes et des effets. Ce problème avait aussi à mes yeux un côté concret : le courant, les tourbillons sont des structures concrètes, à l'inverse de certains phénomènes que je trouvais plus abstraits comme l'étude de phénomènes ondulatoires. Je pense aussi que le fait qu'il se déroule sur un théâtre géographique pas trop éloigné de chez nous (à l'échelle de l'océan, le Portugal, c'est la porte à côté...), à proximité des côtes, ajoutait à ce côté concret.

En fait, il est difficile de justifier rationnellement l'intérêt que je portais à ce sujet, car nous sommes ici dans le domaine du goût, du subjectif. C'est un aspect que je développerai plus loin, car il montre que la recherche n'est pas uniquement une démarche rationnelle et objective, mais qu'y interviennent des motivations, des critères de choix qui peuvent être à l'origine de problèmes éthiques.

Je me suis donc lancé dans l'étude de la génération de tourbillons au sud-ouest du Portugal. Un aspect crucial me paraissait être le virage important (de l'ordre de 90°) que le courant faisait pour contourner le cap Saint-Vincent, suivant ainsi la configuration géométrique de la côte sous l'influence de la force de Coriolis*. Afin de simplifier le problème et de me concentrer sur cet aspect, j'ai élaboré la configuration représentée sur la Figure 2.

* qui, rappelons-le, dévie tous les mouvements vers leur droite dans l'hémisphère nord.

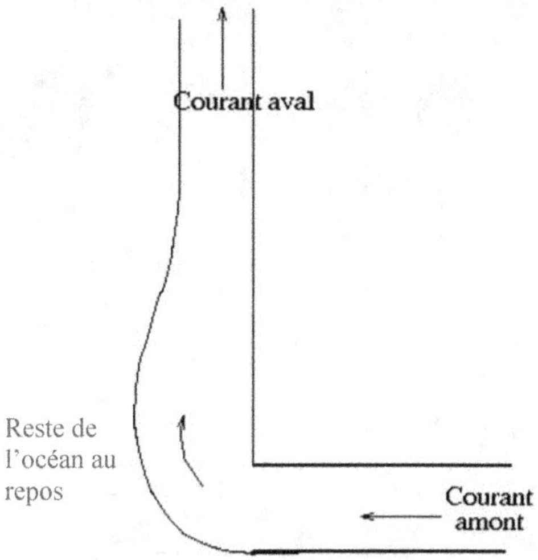

Figure 2 : représentation simplifiée du courant contournant le sud-ouest du Portugal

Je me suis alors rendu compte qu'il était plus simple d'étudier un problème voisin, mettant en scène non pas un courant contournant un cap, mais un courant sortant d'un détroit. J'ai donc étudié le problème représenté sur la Figure 3, que je baptise « problème-ouest » (car le courant amont circule vers l'ouest).

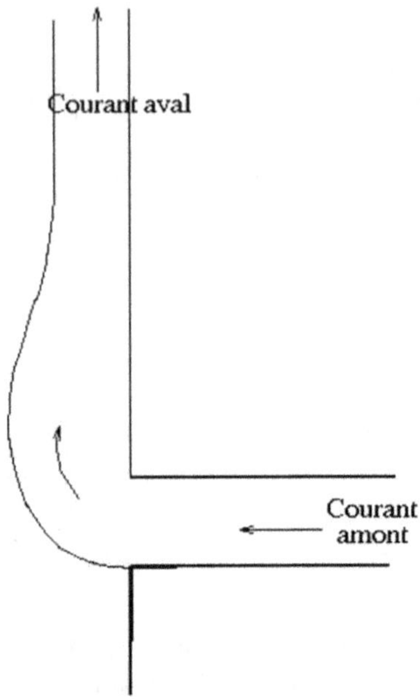

Figure 3 : « problème-ouest », dérivé du problème du courant contournant le sud-ouest du Portugal

Après avoir commencé à explorer ce problème, il s'est avéré tentant d'examiner si l'orientation du détroit allait changer quelque chose : que se passerait-il par exemple si le courant amont, au lieu de couler vers l'ouest, coulait vers le nord, comme sur la Figure 4 ? Ou tout autre direction (est, sud) ? Un certain nombre de pistes de recherche s'ouvraient ainsi, très intéressantes et stimulantes. De plus, il s'est avéré que la configuration vers le nord semblait la plus facile à résoudre, si bien que j'ai pensé préférable de commencer par traiter ce problème –que je dénommerai « problème-nord » par la suite.

Pourtant, je m'éloignais des préoccupations du Cmo et de sa demande initiale. Un conflit se dessinait donc là entre ma liberté, dont j'ai déjà indiqué l'importance pour les chercheurs, et ma responsabilité vis-à-vis de mon employeur. J'y reviendrai plus loin. Dans les faits, j'en ai discuté avec mes responsables, qui m'ont donné le feu vert pour continuer.

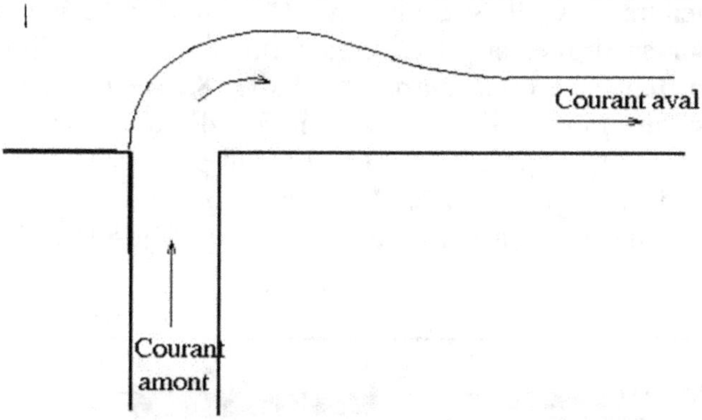

Figure 4 : configuration avec un courant amont circulant vers le nord (« problème-nord »).

Un autre élément est intervenu dans l'adoption du problème-nord.

Les travaux que j'ai décrits ont été menés en collaboration avec un chercheur américain, que j'appellerai D. Au cours de ma thèse, j'ai séjourné plusieurs mois dans son laboratoire aux Etats-Unis, et la collaboration a ensuite continué plusieurs années. Quand D. a vu émerger le problème-nord, il s'est rendu compte que l'on pouvait en appliquer les résultats au Courant des anneaux qui, dans le golfe du Mexique, possède une configuration de ce type (voir Figure 5). En provenance de la mer des Caraïbes, le courant des Anneaux s'écoule à travers le détroit du Yucatan (*Yucatan channel)*, qui sépare Cuba du

Mexique, vers le golfe du Mexique (*Gulf of Mexico)*. Parvenu dans le golfe du Mexique, le courant tourne sur sa droite sous l'influence de la force de Coriolis. Il s'écoule alors le long de Cuba jusqu'à sortir du golfe du Mexique et entrer dans l'Atlantique par le détroit de Floride, alimentant ainsi le courant qui deviendra le Gulf Stream. Dans la région où le courant tourne sur sa droite, on observe la formation de tourbillons, avec une fréquence d'un tourbillon tous les 8 à 13 mois. Leur taille est de l'ordre de 500 kilomètres de diamètre, leur épaisseur de 800 mètres, et le courant induit par leur vitesse de rotation d'1 mètre par seconde (3,6 km/h). Comme beaucoup de tourbillons, ils se déplacent ensuite vers l'ouest, jusqu'au fond du golfe.

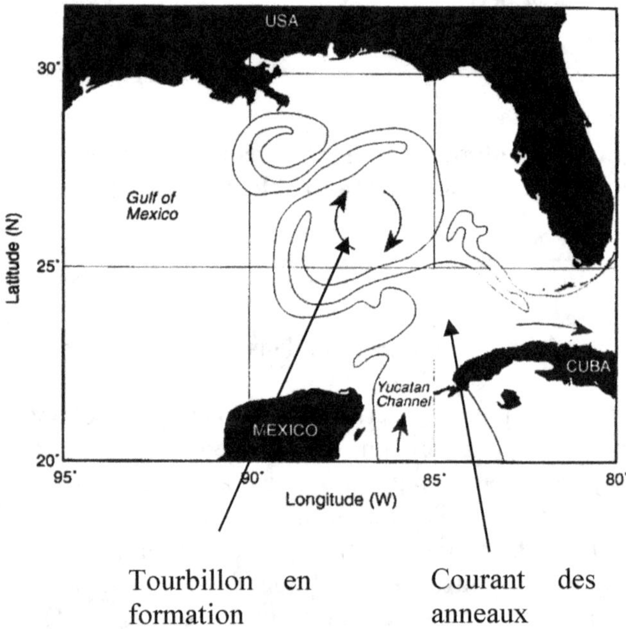

Figure 5 : Courant des anneaux dans le Golfe du Mexique.

S'il y avait des motivations scientifiques pour étudier le problème-nord, il y en avait d'autres : l'existence de financements pour étudier ce qui se passe dans le golfe du Mexique. D. a donc déposé un dossier de demande de financement auprès d'un organisme américain pour travailler sur ce sujet, et le financement a été accordé. Je n'ai malheureusement pas de précisions sur le nom de l'organisme, ses centres d'intérêt, le contenu du dossier, mais en imaginer les grandes lignes suffira pour la suite. Il est probable que cet organisme œuvrait en lien avec l'exploitation pétrolière *off-shore* dans le golfe du Mexique, et cherchait donc à résoudre les problèmes suivants :

> Les tourbillons présentent (...) le danger de pouvoir rendre difficiles voire dangereuses sur le plan humain et écologique les opérations de forage, aussi bien en surface qu'en profondeur. En surface d'abord, car au large, les plates-formes *off-shores* ne sont plus arrimées sur le fond. L'extraction de pétrole et de gaz se fait aux moyens de gigantesques navires reliés au fond par des pipe-lines flexibles. Ces navires (...) restent fixes par rapport au fond, par positionnement GPS et grâce à des moteurs d'étrave hautement perfectionnés. Ces bâtiments n'ayant pas de grosses capacités de stockage, des tankers viennent s'arrimer à eux pour pomper leur production. [Tout] ceci implique (...) des manœuvres délicates pour lesquelles de bonnes connaissances des conditions de mer (...) sont indispensables[8].

La manière avec laquelle les différents thèmes de recherche que j'ai abordés se sont décidés et enchaînés peut paraître étonnante.

Ainsi, on peut être étonné que, partant de la question de la génération des tourbillons au sud-ouest du Portugal, j'ai finalement étudié la formation des tourbillons dans le Golfe du Mexique.

On peut également être étonné si l'on considère le seul problème de la génération de tourbillons dans le Golfe du Mexique, pour lequel la séquence a été : un problème formel –le problème-nord- est défini à l'issue d'une série de réflexions théoriques ; ses résultats potentiels s'appliquent au golfe du

Mexique ; il existe des financements sur cette zone, qui sont sollicités ; ces financements permettent la poursuite des travaux, le problème formel est résolu, et ses résultats appliqués au golfe du Mexique. Une séquence plus classique aurait probablement été : il y a un problème à résoudre -comprendre la génération des tourbillons dans le golfe du Mexique ; on met en place les moyens humains et financiers pour y parvenir ; le problème est formalisé sous la forme du problème-nord ; le problème formalisé est résolu, et les résultats sont appliqués au problème initial.

Creuser ces étonnements va me permettre de mettre à jour et de formuler un certain nombre de questions éthiques.

Un éclairage : définir la recherche et son fonctionnement

Pour affiner ces premiers étonnements et déceler les questionnements plus profonds qu'ils recèlent, je vais dans ce paragraphe étudier un certain nombre de travaux portant sur la recherche et analysant son fonctionnement en général. Cela me permettra de prendre un peu plus de recul, de mieux observer comment les choses se sont déroulées dans mon cas, et de préciser les questions soulevées.

La recherche consiste à développer la connaissance des phénomènes qui nous entourent. On distingue bien souvent deux types de recherche, qualifiés de recherche fondamentale et de recherche appliquée. Ainsi, le Manuel de Frascati[9] indique : « *La recherche fondamentale consiste en des travaux expérimentaux ou théoriques entrepris principalement en vue d'acquérir de nouvelles connaissances sur les fondements des phénomènes et des faits observables, sans envisager une application ou une utilisation particulière* ». D'autre part, « *la recherche appliquée consiste également en des travaux originaux entrepris en vue d'acquérir des connaissances nouvelles. Cependant, elle est surtout dirigée vers un but ou un objectif pratique déterminé* ».

Pourtant, le regard posé sur la recherche par D. Stokes[10], qui s'est répandu ces dernières années, me semble plus précis. Il porte le nom du « quadrant de Pasteur ». Aux catégories de recherche fondamentale et de recherche appliquée (finalisée chez Stokes) en est ajoutée une autre : la recherche fondamentale finalisée. La présentation de la recherche se fait alors suivant deux dimensions : la première mesure le degré de finalisation de la recherche, la deuxième son degré d'exploration fondamentale de la connaissance (Figure 6).

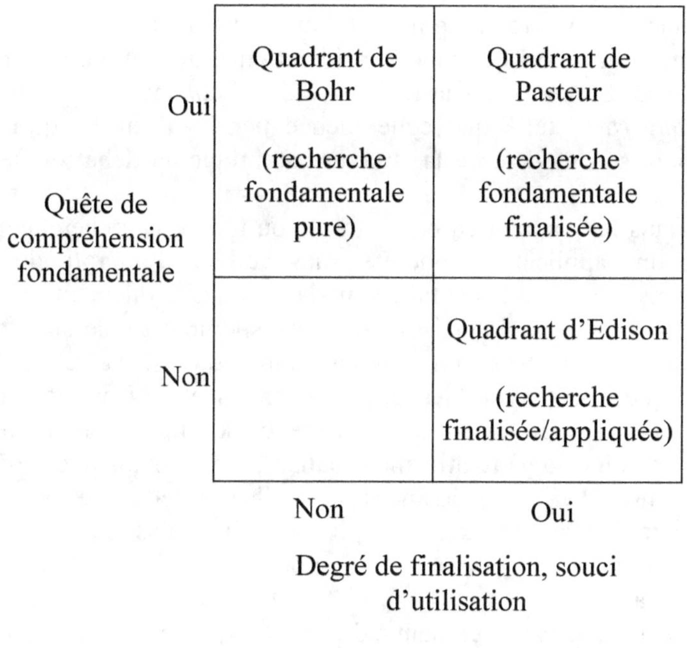

Figure 6 : le quadrant de Pasteur

Sur l'axe horizontal de ce tableau apparaît le degré de finalisation de la recherche. La recherche est dite finalisée si elle a un objectif spécifique, une utilisation en vue, si elle répond à une demande extérieure précise ; la recherche est non finalisée si elle n'a pas d'autre objectif que l'approfondissement de la connaissance pour satisfaire la curiosité. Sur l'axe vertical est représenté le degré d'approfondissement de la connaissance recherché, la quête de la compréhension des mécanismes en œuvre.

Il devient alors possible d'envisager quatre grands types de recherche -un dans chacun des quadrants représentés Figure 6.

Dans le quadrant en haut à gauche de la figure, baptisé « quadrant de Bohr » par D. Stokes, on trouve la recherche fondamentale pure, qui a pour unique vocation d'approfondir la connaissance, sans aucune considération d'utilisation. Comme le dit D. Stokes, c'est la recherche des « *purs voyages vers la découverte* », telle que celle menée par N. Bohr lorsqu'il a élaboré son modèle de la structure atomique au début du XXe siècle.

Dans le quadrant en bas à droite, on trouve la recherche qui vise une application concrète, sans velléité d'approfondir la connaissance fondamentale sous-jacente, généralement parce que le niveau de connaissance déjà disponible sur le sujet est suffisant. J.-J. Salomon[11] précise ainsi que si la recherche appliquée peut avoir des objectifs précis et des applications concrètes à relativement court terme, c'est qu'elle s'intéresse à des domaines déjà relativement balisés, aux connaissances déjà affermies. Les connaissances nouvelles qu'elle met à jour portent alors sur des domaines plus restreints, plus locaux. C'est le « quadrant d'Edison », du nom du célèbre inventeur américain.

Dans le quadrant en haut à droite, le « quadrant de Pasteur », la recherche veut comprendre des mécanismes fondamentaux, dans un but applicatif. Ce type de recherche se produit lorsque l'on veut résoudre un problème nouveau, mais qu'on ne dispose que de trop peu de connaissances pour y parvenir. Comme l'explique D. Stokes, c'est le type de démarche qu'a suivie

Pasteur au XIXe siècle : dans le but de soigner des maladies, il s'est efforcé de comprendre leurs mécanismes au niveau le plus profond, jetant ainsi les bases de disciplines fondamentales telles que la microbiologie. C'est aussi, plus récemment, toutes les recherches fondamentales menées pour tenter de soigner le sida.

Enfin, le dernier quadrant (qui n'a pas reçu de nom) offre la possibilité d'une recherche non finalisée, mais se contentant d'affiner des mécanismes dont les fondamentaux sont déjà connus. Ce quadrant décrit une recherche de peu d'intérêt : elle consisterait pour un chercheur à appliquer des connaissances dans un but inutile…

Quel éclairage fournit le quadrant de Pasteur sur ma démarche de recherche ?

Le premier thème de recherche auquel je me suis intéressé portait sur la compréhension de la formation des tourbillons au sud-ouest du Portugal. L'objectif était relativement précis, il s'agissait de comprendre et quantifier un phénomène localisé, à partir des connaissances générales déjà existantes. Lorsque cet objectif avait été défini, il semblait que la connaissance fondamentale disponible sur le sujet était suffisante, et que seuls certains aspects propres à cet objectif spécifique auraient besoin d'être affinés. Cette recherche s'inscrivait donc dans le quadrant d'Edison.

Plus tard, la connaissance fondamentale des mécanismes à l'œuvre dans mon problème se révélant insuffisante, j'ai dû la développer, me dirigeant ainsi vers le quadrant de Pasteur.

Puis, lorsqu'à partir du problème-ouest, j'ai été entraîné vers la série de problèmes voisins créés en changeant l'orientation du courant amont vers le nord, le sud ou l'est, j'ai cherché à développer la connaissance sans avoir de but applicatif particulier. Ces problèmes sont apparus comme fruit de réflexions théoriques, et leur résolution a permis une avancée conceptuelle importante, en mettant en lumière des mécanismes fondamentaux nouveaux, dont la compréhension s'est approfondie à chaque nouveau cas. Il s'agissait là d'une recherche relevant du quadrant de Bohr.

Enfin, à l'issue de cette phase de recherche fondamentale, je suis revenu au problème initial, à une recherche appliquée à la formation des tourbillons au sud-ouest du Portugal et, muni de ces nouveaux outils, j'ai pu apporter une réponse à la question posée. J'ai également cherché à appliquer mes résultats sur les problèmes nord, sud et est à des cas existants : je suis revenu dans le quadrant d'Edison.

Le quadrant de Pasteur rend donc compte assez finement des diverses formes de recherche que j'ai menées, et montre leur caractère général.

Munis de cette description, nous allons maintenant observer à quelles dynamiques a obéi ma séquence de recherche. Cela nous conduira à mieux comprendre la façon dont les sujets de recherche sont choisis.

On peut décrire deux grands types de dynamique à l'œuvre dans la phase de recherche que j'ai décrite. En premier lieu, on trouve une dynamique que je qualifierai de finalisée, c'est une dynamique qui part d'une question précise et cherche à y répondre. Et en second lieu, on trouve une dynamique non finalisée, qui ne part pas d'une question pratique initiale, mais cherche juste à comprendre les mécanismes physiques.

Au cours de la première phase de mon travail, j'ai mené des recherches finalisées pour tenter de répondre au besoin de mon employeur –le Cmo- sur la génération de tourbillons au sud-ouest du Portugal. Selon la quantité de connaissances déjà disponibles sur le sujet, la recherche finalisée occasionne un travail de type recherche appliquée, dans le quadrant d'Edison, ou peut nécessiter un certain approfondissement des mécanismes, qui se réalise dans le quadrant de Pasteur. Elle revêt ainsi un caractère plus ou moins fondamental, selon la quantité de connaissances qui y est développée, mais reste motivée par l'application que l'on veut en tirer.

Plus tard, à partir du problème ouest, j'ai mis à jour des problèmes théoriques nouveaux (problèmes nord, est, sud) qui n'étaient plus reliés à mon objectif initial. Je suis ainsi passé d'une recherche fondamentale-finalisée située dans le quadrant de Pasteur, à une recherche fondamentale pure, située dans le quadrant de Bohr. Dans le quadrant de Bohr, on cherche à développer la connaissance dans des domaines nouveaux, sans bien savoir vers où on va déboucher, on avance sans objectif particulier, en suivant le chemin à mesure qu'on le défriche, en faisant demi-tour dans les impasses. Aucun objectif ne retient plus la recherche, qui peut rapidement se mettre à fonctionner de façon autonome : en résolvant certaines questions, elle en soulève de nouvelles, et ce processus est bien souvent sans fin.

Précisons que certains chercheurs travaillent *directement* dans le quadrant de Bohr –sans y parvenir par un cheminement tel que celui que je viens de décrire. Leur vocation est de mener des travaux fondamentaux, dont le moteur est la curiosité pure, et sans autre finalité que celle d'approfondir la connaissance.

Recherche fondamentale pure et recherche finalisée se distinguent aussi par un autre élément, le facteur temps, comme le souligne Jean-Jacques Salomon : « *Ce qui fondamentalement distingue les différentes formes de recherche (...), [c'est] le temps de loisir intellectuel dont [le scientifique] bénéficie, c'est-à-dire l'absence de pression en terme de résultats imposés, rapides et prévisibles* »[12]. Les travaux que j'ai menés sur des problèmes théoriques (problèmes nord, sud, est) se sont étalés sur plusieurs années. A de nombreuses reprises, j'ai pris conscience que mes idées, mes intuitions, s'affinaient à mon insu, dans des périodes où je laissais reposer le problème ; que je sortais des impasses, je trouvais des moyens de contourner les difficultés, grâce au temps dont je disposais pour prendre du recul, et approfondir ainsi sans le savoir ma compréhension des mécanismes. Bien des fois, après avoir buté de longues journées sur un problème, j'en ai trouvé la solution en quelques minutes après l'avoir mis de côté pendant quelques semaines.

A la lumière de ces analyses, revenons aux sujets d'étonnement provoqués par la façon dont mes sujets de recherche ont été choisis. Les questions éthiques sous-jacentes peuvent maintenant être formulées sous la forme : (1) comment sont motivés les choix de sujets de recherche dans chacun de ces quadrants ? (2) Comment gérer les transitions d'un quadrant à un autre ? (3) Quelle part a chacun des acteurs qui contribuent à ces choix et transitions ? Et pour chacune de ces questions, quels problèmes éthiques en découlent ?

Problèmes posés par les choix de sujets de recherche

J'aborde dans ce paragraphe le premier volet des questions formulées ci-dessus : qu'est-ce qui motive les choix des sujets de recherche ? Il me paraît ici pertinent de faire la distinction entre la recherche finalisée (quadrant d'Edison, quadrant de Pasteur), et la recherche fondamentale pure (quadrant de Bohr).

Mon premier sujet de recherche était l'étude de la formation des tourbillons au sud-ouest du Portugal : il avait un objectif clairement identifié, comme tout sujet de recherche finalisée. Lorsqu'on aborde une recherche finalisée (quadrant d'Edison, quadrant de Pasteur), on sait où on va, et les éventuelles questions éthiques que le choix de ce sujet peut soulever. Choisir de travailler à tenter de soigner le sida ne pose pas les mêmes questions que de choisir de travailler sur la bombe atomique. La décision d'aborder, ou de refuser d'aborder, voire d'interdire un sujet de recherche finalisée est donc faite en pleine connaissance de cause.

Les acteurs impliqués dans les choix des sujets de recherche finalisée, et par les questions éthiques qu'ils peuvent soulever, sont nombreux : le chercheur lui-même, son employeur, auxquels peuvent se greffer des organismes financeurs extérieurs, et par leur biais parfois la société dans son ensemble, qui peut énoncer des besoins prioritaires (comme, par exemple, la lutte contre le Sida, ou la maladie d'Alzheimer). Il conviendra donc de questionner le rôle de chacun de ces interlocuteurs.

Examinons maintenant le cas de la recherche fondamentale pure située dans le quadrant de Bohr. Explorant l'inconnu, le chercheur ne sait pas à l'avance où il va aboutir, et choisir un sujet de recherche pose de nouvelles questions : y a-t-il des critères permettant de choisir ou de refuser un sujet ? Peut-on aborder tous les sujets sans restriction ?

Pour répondre à ces questions, je discuterai quatre arguments en faveur de la liberté de choix des sujets de recherche fondamentale. Kurt Bayertz[13] en a identifié trois au fil des siècles -nous libérer de l'erreur, permettre des applications, satisfaire notre curiosité naturelle. J'en évoquerai ensuite un quatrième –nous libérer de la peur.

En contribuant à élucider le monde, à mettre en place une démarche affranchie de tout argument d'autorité, la science pourrait contribuer à nous libérer des illusions, des idéologies. De tels points de vue se sont surtout développés chez les penseurs des Lumières (selon Diderot, le savoir peut conduire l'homme à devenir « *plus vertueux et plus heureux* »[14]), ou au XIXe siècle chez Auguste Comte et les positivistes[15]. Pour ces derniers, l'humanité atteint son stade ultime de développement lorsqu'elle s'appuie sur la raison. C'est l'état positif, qui permet d'optimiser l'organisation de la société sur des bases scientifiques*.

Cette posture a été prise en défaut à plusieurs reprises. Si la science a ses bienfaits, elle a révélé ses limites, en particulier en contractant des alliances avec des idéologies destructrices (développement de l'eugénisme dans de nombreuses universités à partir de la fin du XIXe siècle par exemple). Comme le note Kurt Bayertz, « *la science peut servir d'élucidation philosophique, mais aussi d'instrument de l'obscurantisme* ».

Le deuxième argument proposé par Kurt Bayertz en faveur d'une recherche fondamentale sans restriction est qu'elle est à l'origine de la plupart des innovations techniques contemporaines. On en aperçoit le mécanisme dans mon propre travail lorsque, ayant traité le problème nord au cours d'une phase de recherche fondamentale, je me suis aperçu que je pouvais l'appliquer au golfe du Mexique.

La recherche fondamentale pure possède sur la recherche fondamentale finalisée l'avantage de permettre des innovations. Consistant par essence à explorer de nouvelles voies, elle peut

---

* Les deux premiers états sont l'état théologique, puis l'état métaphysique.

ensuite permettre des applications inédites. L'invention de l'ampoule électrique ne s'est pas faite en tentant d'approfondir la connaissance du fonctionnement de la bougie, mais est le fruit de travaux sur un processus nouveau à l'époque, l'électricité.

De nos jours, les applications de la recherche fondamentale pure sont nombreuses, extrêmement sophistiquées. Mais si beaucoup sont bénéfiques, dans le domaine de la santé, du confort par exemple, nombreuses sont celles qui suscitent des inquiétudes importantes : armement, clonage, OGM, nanotechnologies.... Ce deuxième argument n'est donc pas non plus décisif.

Le troisième argument que propose Kurt Bayertz « *repose sur la prémisse que l'homme est naturellement curieux, qu'il cherche à atteindre la connaissance* ». Cet argument est très ancien, puisqu'on peut en trouver des évocations chez les Grecs par exemple –et chez Aristote en particulier. La liberté de choix des sujets de recherche contribuerait ainsi à assouvir cette curiosité.

Cet argument soulève deux questions aujourd'hui. En premier lieu, tient-il toujours à l'heure où la recherche est exercée comme profession par une minorité d'individus ? La recherche professionnalisée ne peut assouvir la curiosité de tous que si la connaissance accumulée est partagée, ce qui en nécessite la diffusion. Je reviendrai sur ce point plus loin.

En second lieu, un certain nombre de penseurs contestent cet argument. Ainsi, G. Steiner pose la question de savoir « *s'il faut persister dans certaines recherches, si la société et l'esprit humains, à leur stade actuel d'évolution, pourront supporter les vérités à venir* ». Ainsi, « *Faut-il persévérer si la génétique doit divulguer, sur la différenciation des races, des secrets dont la portée (...) nous déborde ? Sommes-nous libres d'explorer les voies neurochimiques (...) si cette étude dévoile que les haines raciales (...) tiennent à l'hérédité ?* »[16]. R. Shattuck[17] pose le même genre de question. Il montre qu'au fil des âges, la curiosité n'a pas toujours été bien vue : le Moyen Age interdisait certains livres, suggérant que certaines idées pourraient être trop dérangeantes pour la stabilité d'une société ;

pendant longtemps aussi, la science –la philosophie naturelle- a été considérée comme une distraction, une séduction qui risquait de détourner de l'important, la vie spirituelle.

Bref, le libre accès à la connaissance pour le simple plaisir d'assouvir notre curiosité n'est pas non plus un argument incontestable.

C. Bréchignac, directrice du Cnrs, invoque un quatrième argument en faveur de la possibilité de choisir ses sujets de recherche sans restriction : nous libérer de la peur[18].

Constatant la défiance que semble susciter de plus en plus la science contemporaine, elle commence par souligner une erreur de ciblage : selon elle, cette défiance est en réalité provoquée par des inventions technologiques, comme les OGM, les téléphones portables, etc.

Certes, ces technologies découlent de découvertes scientifiques préalables. Faut-il pour autant brider la recherche ? Pour C. Bréchignac, cela est vain, car l'homme est par nature curieux. Il faudrait plutôt chercher à nous montrer plus sages et plus lucides dans les applications que l'on en tire. De plus, la connaissance est utile, car elle rassure. « *Si la peur n'empêche pas le danger, selon le vieil adage, le savoir rassure en ce qu'il permet de l'affronter* »[19]. La peur peut même avoir un effet stimulant en nous invitant à réfléchir, à nous interroger sur l'inconnu, à mieux le cerner, à donc mieux l'affronter et, *in fine,* à en avoir moins peur. Ceci est, en particulier, vrai en ce qui concerne les inventions technologiques : la recherche devrait continuer pour mieux en connaître le fonctionnement profond, et ainsi en avoir moins peur.

Je suis d'accord que la connaissance atténue la peur, en grande partie engendrée par l'inconnu. Pourtant, je ne suis pas totalement convaincu que cela justifie automatiquement de laisser la recherche libre.

En premier lieu, il faut constater que plus la recherche avance, plus la connaissance s'accumule, mais aussi plus on met en évidence, à la frontière de cette connaissance, de nouvelles zones d'ombre dont nous ignorons tout. La connaissance s'accroît, mais elle n'annule pas notre ignorance – et donc la peur associée.

En second lieu, affirmer qu'il est vain de tenter de limiter la recherche parce que l'homme est naturellement curieux ne me paraît pas satisfaisant. C'est confondre le souhaitable et le possible –j'y reviendrai dans le prochain paragraphe. De plus, ne serait-il alors pas tout aussi vain d'espérer plutôt, comme le propose C. Bréchignac, que l'homme devienne plus sage dans ses applications ?

Enfin, le constat que nos peurs sont provoquées par des inventions technologiques aux effets mal maîtrisés ne me semble pas non plus justifier la liberté de la recherche pour mieux les connaître. Cela conduit à un cercle vicieux : la science crée des connaissances qui débouchent sur des objets technologiques dont la peur nécessite l'approfondissement de la connaissance, qui débouchera alors sans aucun doute sur de nouveaux objets qui occasionneront de nouvelles peurs !

Au final, les quatre arguments proposés en faveur de la liberté de choix des sujets de recherche fondamentale pure ont tous montré des limites. Aucun n'est décisif, de sorte que cette liberté n'est pas incontestable, mais relève d'un choix, d'un arbitrage à faire entre différents arguments et leurs limites. Tous les participants aux choix des sujets de recherche ont là une responsabilité à assumer.

Les réflexions qui précèdent ont montré que tous les sujets de recherche ne méritaient pas automatiquement d'être abordés. Cela suggère l'éventualité d'interdire certains sujets de recherche, qu'elle soit finalisée ou fondamentale pure. Je voudrais dire ici quelques mots sur ce thème.

Avec L. Kas[20], je voudrais commencer par distinguer trois aspects dans cette question : ce qu'il est bon ou souhaitable de faire, ce qui est possible ou faisable, ce qui est sage. Cette distinction est importante, mais souvent omise : « *Les discussions concernant la question du souhaitable –qui devrait logiquement avoir la priorité- sont souvent court-circuitées par des gens qui prétendent que c'est soit infaisable soit stupide* ».

J'ai mené la discussion du « bon » ou « désirable » -le cœur de l'éthique !- dans les deux paragraphes qui précèdent. Je voudrais maintenant apporter quelques éclairages sur le « possible » et le « sage ».

Le domaine du « possible », ou « faisable », soulève des difficultés. Comment par exemple interdire concrètement tel ou tel sujet ? « *On ne peut pas arrêter la science* », entend-on souvent. Pourtant, des moyens existent, il suffit par exemple de ne pas accorder de financement aux sujets prohibés, et d'en financer d'autres. A l'heure où la recherche coûte si cher, ce type de moyen peut être efficace. Une autre difficulté provient du contexte mondialisé dans lequel nous fonctionnons : mettre des limites à des recherches en France peut sembler inutile si on n'en met pas dans d'autres pays. Cela s'est pourtant déjà fait : la France a interdit jusqu'en 2004, et n'autorise actuellement que par dérogation, des recherches sur les cellules-souches à partir d'embryons, tandis que la Grande-Bretagne les autorise. Avoir une conduite en fidélité à ses valeurs n'est-il pas intrinsèquement important ? De plus, il n'est pas dit qu'une interdiction soit forcément négative d'un strict point de vue scientifique. Interdire les recherches sur les cellules-souches embryonnaires ne va-t-il pas inciter à rechercher d'autres voies, et donc a potentiellement trouver d'autres solutions, qui *in fine* auront le mérite d'être plus justes ?

Dans le domaine du « sage », on peut se demander si empêcher des recherches, ce qui s'apparente à la censure, ne risquerait pas de porter atteinte à nos principes démocratiques. Cette difficulté peut cependant être résolue si les restrictions en question sont elles-mêmes décidées de façon démocratique, comme cela a été le cas pour les cellules-souches.

On le voit, il est possible de mener une réflexion globale et constructive sur cette question de la restriction de la recherche.

Rôle des différents acteurs de la recherche dans le choix des sujets de recherche

Le choix d'un sujet de recherche avait suscité deux autres questions : quel est le rôle de chacun des acteurs de la recherche dans les choix des sujets de recherche ? Dans le quadrant de Pasteur, comment gérer les transitions d'un quadrant à un autre ? J'aborde dans cette partie les problèmes éthiques qui les entourent.

Plusieurs acteurs sont intervenus dans le choix de mes sujets de recherche successifs. Les besoins du Cmo et mes propres centres d'intérêt se sont initialement accordés sur l'étude des tourbillons générés au sud-ouest du Portugal. Petit à petit, de nouvelles pistes de recherche ont retenu mon intérêt, ainsi que celui de mon collègue américain D. Enfin, le financement reçu de l'agence américaine a joué un rôle incitatif pour creuser le problème théorique nord et celui du Courant des anneaux. Nous allons examiner de plus près le rôle de ces différents acteurs.

Le chercheur, au cœur du travail de recherche, occupe bien entendu un rôle clef dans les choix des sujets de recherche.

De tels choix peuvent être faits à différents stades du travail de recherche. L'étude de la génération des tourbillons au sud-ouest Portugal faisait partie d'un ensemble de thématiques intéressant le Cmo, et mon goût personnel m'a conduit à le retenir comme sujet de départ. Le goût joue un rôle important, travailler sur un sujet qui nous intéresse nous motive plus, et nous rend donc plus efficaces. Petit à petit, ce sujet de recherche appliquée relevant du quadrant d'Edison, s'est transformé en un sujet de recherche fondamentale finalisée, relevant du quadrant de Pasteur. Mais on ne peut pas dire à ce stade qu'il se soit produit un véritable changement de sujet : il s'agissait alors toujours des tourbillons au sud-ouest du Portugal, et ce changement de quadrant me paraît relever plutôt de la conduite des recherches, thème que j'aborderai au prochain chapitre.

Plus tard, en analysant le problème sous un angle plus fondamental, j'ai abordé de nouveaux sujets de recherche relevant du quadrant de Bohr, les problèmes nord, sud et est. Adopter ces sujets de recherche faisait faire un virage certain à mon travail. J'étais personnellement, comme tout chercheur je pense, très friand de suivre ces nouvelles pistes. J'avais formalisé de nouveaux problèmes, ma curiosité était aiguisée, et j'étais avide de les résoudre. Avoir franchi les différentes étapes de mon exploration théorique avait donné lieu à une satisfaction grandissante -je me souviens en particulier de la joie qui a accompagné le moment où je suis parvenu à formuler l'équation du problème nord avec tourbillons- et chacune de ces étapes me donnait ainsi un peu plus envie d'avancer vers la suivante.

Cette envie peut sembler anecdotique, mais elle est un moteur puissant sur la voie de l'approfondissement de la connaissance. La curiosité, la créativité des chercheurs sont essentielles aux avancées scientifiques, et elles sont associées à une liberté de manœuvre importante. Mon propre exemple en est une illustration, mais cet aspect est souligné par exemple par D. Resnik[21] : un chercheur dont on oriente trop le travail a moins la possibilité de laisser libre cours à son imagination, d'explorer des voies imprévues, de faire de nouvelles découvertes ; de plus, la créativité est bridée dans un contexte oppressif. Ainsi, du fait de l'autorité accordée aux Anciens ou de réticences de l'Eglise, le développement de la connaissance a longtemps été freiné au Moyen Age, un certain nombre de connaissances étant considérées comme définitivement acquises (comme le système astronomique hérité d'Aristote).

D'un autre côté, on peut se demander s'il n'y a pas d'inconvénient à une telle liberté de parcours des sujets de recherche. L'enthousiasme des chercheurs peut les conduire vers certains errements. A une extrémité du spectre, on trouve la question de savoir si tous les sujets méritent le temps et l'argent qu'on leur consacre. La compréhension dans tous ses détails du mécanisme de formation des tourbillons dans le golfe du Mexique justifiait-elle l'énergie que je lui ai consacrée ? A une autre extrémité du spectre, l'enthousiasme des chercheurs les conduit parfois dans des domaines douteux, et les témoignages abondent de scientifiques se rendant compte après coup qu'ils sont allés trop loin. Le récit de A. Sakharov travaillant à la bombe H soviétique est exemplaire à cet égard[22] : « *Quelle était mon attitude à l'égard du côté humain et moral du travail auquel nous participions si activement ? (...) La première raison (mais non la principale) c'est que c'était de la superbe physique (...)* ». Plus tard, emporté par son élan de physicien, A. Sakharov proposa de développer une torpille gigantesque capable de transporter cette bombe et de détruire les plus grands ports américains. Il fut surpris de la réaction de l'amiral Tomine. Celui-ci, « *déconcerté et dégoûté par l'idée d'un massacre aussi impitoyable, me fit remarquer que les officiers et les soldats de sa flotte étaient habitués à combattre uniquement des adversaires armés, en bataille ouverte. Je me sentis profondément mal à l'aise et ne parlais plus de ce sujet à qui que ce soit* ».

On retrouve ici le constat de G. Steiner dans *Dans le château de Barbe bleue*[23]. A l'instar des femmes successives de ce comte anglais, qui ne purent s'empêcher d'ouvrir la porte de la pièce interdite par leur mari, et qui en subirent le châtiment annoncé –la mort-, les chercheurs ouvrent « *les portes en enfilade du château de Barbe bleue parce qu'elles sont là, parce que chacune mène à la suivante* », mais sans forcément s'inquiéter des conséquences.

On voit poindre dans ce paragraphe deux thèmes qui méritent d'être développés, et sur lesquels je reviendrai plus loin : le premier est celui de la responsabilité des chercheurs ; le second, celui de leur liberté.

Il semble assez clair que l'organisme employant le chercheur a également son mot à dire sur les thèmes de travail de ce dernier.

Mon sujet de recherche initial intéressait directement mon employeur, le Cmo. Il n'y avait donc au départ pas de difficulté particulière. Mais plus tard, lorsque j'ai mis à jour les problèmes fondamentaux nord, sud et est, la situation a changé. Mon travail devenait purement fondamental –et perdait de vue la finalité initiale. Comment gérer ces situations ? Qu'en était-il au Cmo ? De quelle liberté y disposais-je pour suivre l'enchaînement naturel des thèmes de recherche, et procéder à un élargissement de la connaissance dans des directions qui ne l'intéressaient pas forcément ? Je l'ai évoqué, quand j'ai posé cette question à mes responsables, la réponse n'a jamais été très claire, elle a fluctué au fil des années, elle dépendait des interlocuteurs.

Un problème symétrique s'est posé en 1999, année où l'on m'a demandé de changer de direction de recherche pour satisfaire un nouveau besoin de la Marine : le soutien au débarquement de forces dans des zones sensibles, dans un contexte océanographique nouveau, l'océanographie côtière. Il avait donc été demandé au Cmo de lancer des recherches dans ce domaine, et on m'a proposé de m'y atteler.

Je me suis trouvé très ennuyé, car j'avais un certain nombre de travaux en cours, de portes entrebâillées qui ne demandaient plus qu'à être complètement ouvertes, et que je trouvais très dommage d'abandonner. D'autre part, si j'avais un certain goût pour aborder cette nouvelle thématique, je savais aussi que le virage serait long à prendre : dans le domaine de la recherche, les spécialisations sont vite extrêmement poussées, et changer de thématique prend des années. L'océan côtier est ainsi régi par des processus assez différents de ceux de l'océan profond (par exemple, le premier est dominé par la marée, qui est négligeable dans le second). J'avais aussi conscience d'être payé pour, *in fine*, satisfaire les besoins de mon employeur : il y avait là une certaine responsabilité à assumer. Bref, je me suis trouvé là face à un questionnement important.

Dans la gestion de ses chercheurs, le Cmo pouvait tenir compte de plusieurs facteurs. Le Cmo avait en premier lieu un rôle d'organisme applicatif à jouer, et devait fournir des produits à son client, la Marine. De ce point de vue, les recherches menées en dehors des domaines prévus ne l'intéressaient pas beaucoup. Un autre aspect pouvait entrer en jeu pour le Cmo : la volonté d'être reconnu comme un centre de recherche de valeur, de façon que les coopérations scientifiques puissent se nouer avec d'autres organismes de recherche. A cet égard, avoir des chercheurs performants, qui avancent et publient, était positif. Troisième aspect de la question, la nécessité d'entretenir l'enthousiasme des chercheurs. Je l'ai indiqué au paragraphe précédent, il est extrêmement motivant pour eux de pouvoir explorer les voies défrichées, et donc, par symétrie, très frustrant de s'en voir fermer la porte. Quatrième aspect, des chercheurs qui avancent élargissent leurs compétences, développent leur expertise, et donc deviennent globalement plus performants. Cinquième aspect, il est possible que les nouvelles connaissances ainsi mises à jour puissent s'avérer plus tard utiles pour le Cmo. Ces différents aspects, et peut-être d'autres, devaient être pris en compte pour faire des choix en matière de politique de recherche.

Ces choix sont, bien entendu, différents d'un organisme de recherche à l'autre. Selon ses objectifs, selon les circonstances, l'employeur peut avoir une attitude différente par rapport à ces questions. Le Cmo est un organisme à vocation appliquée, tout comme bien des laboratoires privés qui ont recours à la recherche pour mettre au point des innovations et vendre des produits. Mais il existe en France des institutions aux tendances plus orientées vers la recherche fondamentale, comme le Cnrs. Pourtant, comme le suggère mon exemple, la question centrale n'est pas forcément le *statut* de l'institution, mais plutôt le cadre donné, selon les circonstances, à telle ou telle équipe. C'est ce que souligne Jean-Jacques Salomon : « *L'activité de recherche est désormais définie par les conditions de travail de l'institution qui l'accueille et où elle se voit assigner une mission à plus ou moins long terme* »[24]. De fait, il arrive que de la recherche fondamentale soit menée dans des laboratoires privés, et inversement de la recherche appliquée dans des laboratoires publics. « *La première synthèse d'une enzyme a été réalisée simultanément en 1969 dans une laboratoire privé (Merck) et dans un laboratoire universitaire (Rockfeller University)* »[25]. Il s'agit donc bien de mener, dans chaque institution, une réflexion sur la part de liberté à accorder aux chercheurs dans l'élargissement de leurs recherches.

Le mode de financement de la recherche joue aussi un rôle dans l'adoption des sujets de recherche. J'ai ainsi expliqué comment mon collègue D. avait sollicité des fonds auprès d'une agence de financement américaine, qui nous ont permis de poursuivre nos travaux sur les tourbillons du golfe du Mexique.

La démarche de l'agence de financement contactée par D. apparaît, dans le fond, assez naturelle : Elle s'était défini un objectif bien ciblé -mieux cerner l'impact des tourbillons provenant du Courant des anneaux sur les engins exploitant le pétrole dans le golfe du Mexique- et, par le biais d'appels d'offres, finançait les recherches allant dans cette direction. Sa position est plus simple que celle de l'employeur du chercheur : elle finance ce dont elle a besoin.

De façon plus générale, je voudrais apporter quelques précisions sur ce mode de financement de la recherche, de plus en plus fréquent. En France, il ne concerne habituellement pas le salaire du chercheur, versé par son institution d'appartenance, mais plutôt l'achat de matériel (très coûteux dans certaines disciplines), la bourse de thèse d'un étudiant, la location de moyens (bateau océanographique pour une campagne à la mer par exemple), les frais de mission pour se rendre à des congrès ou pour rencontrer des collègues, les frais de publication d'articles dans des revues scientifiques etc.

Ces financements ont schématiquement deux origines possibles[26]. Il peut s'agir de crédits internes, ou de crédits externes. Les crédits internes sont fournis par l'institution d'appartenance du chercheur après décision d'une commission d'évaluation. Ils sont généralement alloués pour plusieurs années. Les crédits externes sont obtenus auprès d'organismes aussi divers que des entreprises privées, la Commission européenne et ses fameux Pcrd (Programme cadre de recherche et développement[27], programme de financement s'étalant sur sept années), des associations comme le Téléthon, une Région, l'Agence nationale de la recherche (ANR)[*], etc. Pour donner quelques ordres de grandeur, le budget du 7e PCRD, en cours actuellement, est de 50 milliards d'euros sur 7 ans, soient environ 7 milliards d'euros par an ; celui de l'ANR, de 825 millions d'euros pour 2007. Les « crédits internes » du CNRS s'élèvent à 925 millions d'euros pour 2007.

---

[*] Etablissement public à caractère administratif créé le 1er janvier 2007, mais existant sous forme de Groupement d'Intérêt Public depuis le 7 février 2005. Elle a pour vocation le financement de la recherche par projets. Voir http://www.agence-nationale-recherche.fr.

La recherche est de plus en plus financée par crédits externes octroyés après appels d'offres. Les organismes financeurs font des appels à propositions scientifiques dans les disciplines et sur les sujets qui les intéressent, et retiennent pour financement les propositions qu'ils jugent les plus pertinentes. Les programmes européens fonctionnent ainsi, l'ANR également. Les agences de financement jouent donc un rôle important dans l'orientation de la recherche en définissant les thèmes de recherche qui seront abordés, ou au contraire ceux qui ne le seront pas.

Il existe aussi des appels d'offres « blancs », qui permettent aux chercheurs de soumettre des projets sur des thèmes non prédéfinis. C'est le cas du « programme blanc » de l'ANR (non chiffré), ou du programme « Idées » du 7e PCRD (7,5 milliards d'euros sur 7 ans, soit 1 milliard pour 2007, ce qui représente environ 15% du budget total du PCRD). Le chercheur semble alors plus libre : il peut *proposer* des recherches sur des thématiques de son choix. Il reste cependant dépendant de la décision du donneur d'ordre, qui est bien entendu libre d'accepter ou de refuser ces propositions.

Il ressort de cette analyse que l'adoption ou non d'un sujet de recherche est le résultat d'un certain nombre de considérations, qui impliquent la liberté et la créativité du chercheur, sa responsabilité, les besoins de l'organisme employeur, l'intervention d'un organisme de financement extérieur. Au cœur de ces considérations, on trouve deux valeurs qu'il me semble maintenant nécessaire de creuser : la liberté et la responsabilité.

Une réflexion sur la liberté

On a vu apparaître à plusieurs reprises dans les pages qui précèdent des questions tournant autour du thème de la liberté. D'un côté, nous avons vu qu'elle était utile au chercheur, car elle lui permettait de suivre sa curiosité, d'aiguiser sa créativité. D'un autre côté, nous avons vu également que cette liberté pouvait faire l'objet d'un certain nombre de restrictions : la liberté de la recherche pose questions ; les employeurs ont des besoins pouvant imposer des contraintes ; les agences de financement orientent les recherches. Ces différents aspects sont-ils antagonistes ? Peuvent-ils s'articuler ? Une réflexion sur la liberté me paraît utile à ce stade.

On peut, comme le fait par exemple I. Berlin[28], distinguer deux grandes catégories de liberté : la liberté négative et la liberté positive. La liberté négative s'approche de l'indépendance : c'est l'absence de contrainte, d'obstacle à ce que je veux faire. C'est la liberté telle que la définit Hobbes[29] par exemple : « *Liberté signifie l'absence d'opposition (par opposition, j'entends les obstacles extérieurs) (...). Un homme libre est celui qui, pour ces choses que selon sa force et son intelligence il est capable de faire, n'est pas empêché de faire ce qu'il a la volonté de faire* ». La liberté positive, elle, est la capacité à faire des choix non nécessités par des penchants. Comme l'écrit Rousseau[30] : « *La Nature commande à tout animal et la bête obéit. L'homme éprouve la même impression, mais il se reconnaît libre d'acquiescer, ou de résister* ». Par sa raison, l'homme peut s'arracher à son instinct, à des penchants naturels, à ses passions, et décider librement. Il peut accéder au savoir nécessaire à la délibération et déterminer son action en connaissance de cause. Pour pouvoir être mise en œuvre, cette liberté doit donc être « *éclairée* » par la connaissance, pour reprendre l'expression de Descartes.

La liberté positive est celle que j'ai employée dans l'orientation de mon travail, c'est elle qui m'a permis, à partir d'un problème initial, de rebondir quand je me trouvais dans des impasses, de reformuler les questions de façon à pouvoir les résoudre (passage du problème du sud-ouest Portugal au problème-ouest, puis au problème-nord par exemple), d'imaginer des solutions à ces problèmes, de trouver des champs d'application (le golfe du Mexique), etc.

Du côté de ma liberté négative, je pouvais rencontrer un certain nombre de limites dans le choix de mes thèmes de recherche. Le Cmo a influé sur la manière dont mon thème de recherche initial a été défini, et avait son mot à dire sur l'adoption ou non des thèmes de recherche suivants (même si, en l'occurrence, il ne m'a pas empêché de bifurquer vers les nouvelles questions que j'avais mises à jour). Les besoins financiers de D. auraient pu être à l'origine d'une autre cause de limitation : ils imposaient des contraintes d'une part parce que les ressources sont limitées, et d'autre part parce qu'elles sont attribuées par des tiers, qui en orientent l'usage. Enfin, si les thèmes que j'ai abordés ne faisaient pas l'objet de restriction particulière, il arrive que des domaines de recherche soient interdits (recherche sur les embryons).

Il est important de constater que liberté positive et liberté négative n'opèrent pas dans le même champ, et ne sont donc pas forcément en opposition. La première peut être promue, ce qui n'empêche pas la deuxième d'éventuellement lui mettre des bornes. Le chercheur doit alors, au sein du domaine autorisé circonscrivant sa liberté négative, se diriger avec sa liberté positive. Concilier les deux est donc théoriquement possible : il s'agit d'organiser contraintes inévitables et obstacles légitimes pour que le chercheur dispose d'un maximum de liberté positive, et ainsi de créativité lui permettant d'exercer au mieux son activité.

Dans la pratique, cette mise en œuvre peut être délicate. Il me semble intéressant d'éclairer cette problématique à l'aide de la vision que propose Paul Ricœur de l'éthique et de la morale.

Dans un premier article[31], Paul Ricœur présente sa vision de l'éthique en distinguant trois pôles. Le pôle Je concerne ma liberté première, liberté que je pose en m'arrachant au cours des choses, aux lois de la nature : « *Il y a éthique d'abord parce que, par l'acte grave de position de liberté, je m'arrache au cours des choses, à la nature et à ses lois, à la vie même et à ses besoins* ». Le chercheur qui affirme sa liberté se situe donc dans ce pôle Je.

Cependant, « *la position par soi-même de la liberté a pu être appelée le point de départ de l'éthique, mais elle ne constitue pas encore l'éthique elle-même* ». C'est ici qu'apparaît le pôle Tu : si ma liberté est, celle de l'autre est aussi. « *On entre véritablement en éthique, quand, à l'affirmation par soi de la liberté, s'ajoute la volonté que la liberté de l'autre soit. Je veux que ta liberté soit ».* Si le chercheur affirme sa liberté, il n'est pas le seul à pouvoir y prétendre, et ne peut nier celle des autres –celle de son employeur ou de son financeur.

Ces libertés pouvant entrer en opposition, il faut un médiateur : c'est le rôle du pôle Il. Je et Tu s'inscrivent dans un contexte qui a débouché sur des valeurs et des règles. *« Il faut se demander quel rôle ce (...) [pôle] joue dans la relation intersubjective entre deux positions de liberté. Ce rôle, c'est celui de la règle. ».* De la visée éthique, on aboutit donc à la loi morale, qui est le résultat –et non, comme chez Kant, le point de départ- de l'intention éthique.

Dans un autre article[32], Paul Ricœur apporte quelques éléments qui permettent de compléter cette description. Il distingue d'un côté l'éthique, qui est la « *visée d'une vie accomplie sous le signe des actions estimées bonnes* », et de l'autre la morale, qui a un côté « *obligatoire, marqué par des normes, des obligations, des interdictions caractérisées à la fois par une exigence d'universalité et par un effet de contrainte* ». La « *vie morale* » consiste en des allers-retours permanents entre ces deux pôles.

Le domaine de la liberté négative du chercheur, avec ses interdits, les champs de la connaissance à ne pas investiguer, etc., peut être rapproché du domaine de la morale de Paul Ricœur ; le domaine de sa liberté positive correspond, lui, à celui de l'éthique. La vie morale du chercheur sera alors facilitée si ces deux pôles sont bien identifiés, et si les allers-retours en leur sein sont facilités.

Une réflexion sur la loi apporte également un éclairage intéressant. Les difficultés qui surgissent lorsque libertés et contraintes entrent en conflit ne sont pas propres à la recherche : elles relèvent d'un problème plus général, celui de l'opposition entre le besoin de liberté que tout homme ressent d'une part, et les contraintes auxquelles la vie en société le confronte d'autre part. La philosophie politique s'intéresse justement à ce sujet, et montre le rôle essentiel que joue la loi[33] : elle s'oppose à l'arbitraire du tyran potentiel, ou plus simplement de la tendance qu'ont les hommes au pouvoir à devenir despotiques ; de l'ordre de la convention, elle permet de quitter l'état de nature : « *Fait pour vivre en société, [l'homme] y pouvait oublier les autres ; les législateurs l'ont rendu à ses devoirs par les lois politiques et civiles* »[34]*;* en organisant la vie en société, elle procure « *cette tranquillité d'esprit qui provient de l'opinion que chacun a de sa sûreté ; et, pour qu'on ait cette liberté, il faut que le gouvernement soit tel qu'un citoyen ne puisse pas craindre un autre citoyen* »[35]. On pourrait synthétiser en disant qu'en l'absence de loi, on a une liberté théorique illimitée, mais une liberté de fait très limitée ; en présence de loi, on a une liberté théorique certes plus restreinte, mais qui peut être pleinement exercée dans les faits. Le chercheur, comme tout être humain, a besoin de connaître les limites dans lesquelles son action est permise.

Cette analyse nous conduit à suggérer que les « lois » qui encadrent la pratique des chercheurs soient aussi claires et précises que possible ; qu'elles aient aussi le souci de se cantonner au strict minimum, de façon à permettre l'épanouissement maximum de la liberté positive. L'institution qui emploie des chercheurs devrait s'efforcer de respecter ces divers critères dans les règles qu'elle émettra et dans les limitations qu'elle formulera.

Dans un cadre ainsi spécifié, le chercheur devra, au cas par cas, faire en sorte de développer au mieux sa liberté positive. De plus, étant là dans le domaine de l'éthique de Ricœur, il pourra être amené à affronter des dilemmes moraux, et il pourra être utile de proposer au chercheur un cadre susceptible de promouvoir ces réflexions. Je reviendrai sur ce point plus loin.

A la lumière de ces développements, revenons maintenant sur mon propre cas. La possibilité de suivre les différents sujets de recherche rencontrés, d'élargir la connaissance, se trouvait à la croisée d'un certain nombre d'arguments, dont j'ai montré la légitimité, et qui se répartissent entre liberté positive et liberté négative. Certaines des contraintes que j'ai rencontrées étaient restées relativement floues, et auraient bénéficié, pour un travail aussi efficace et serein que possible, à être précisées clairement (ainsi de la possibilité d'aborder les problèmes théoriques nord, sud, est par exemple).

Questions sur la responsabilité dans les choix de sujets de recherche

Le choix d'un sujet de recherche peut se faire en fonction de différents critères : le goût et la motivation du chercheur ; une appréciation de la pertinence scientifique du sujet ; un arbitrage humain et financier, selon les moyens à disposition ; etc. Une partie des critères se situe ainsi en dehors de la sphère scientifique, ils peuvent alors relever de valeurs et impliquer une réflexion éthique. La responsabilité des intervenants est ainsi engagée, et je voudrais maintenant creuser cette notion.

De façon très générale, être responsable signifie, étymologiquement, répondre de ses actes, c'est-à-dire les assumer, s'en reconnaître l'auteur[36]. Ce concept s'articule directement à celui de la liberté évoqué un peu plus haut, car être responsable d'un acte suppose l'avoir effectué librement, et inversement, être libre entraîne la responsabilité des actes effectués. De façon plus précise, il me semble utile de distinguer deux concepts de responsabilité[37].

Le premier concept, que j'appellerai la responsabilité-imputabilité, est l'imputabilité des actes effectués : l'agent est responsable des actes dont il est l'auteur. C'est un concept qui nous est relativement familier : l'agent qui casse un vase est responsable de cette détérioration, et donc, par exemple, des réparations à effectuer.

Le deuxième concept de responsabilité, que j'appellerai la responsabilité-devoir, provient du devoir acquis du fait de la position occupée : l'agent disposant d'un statut, occupant une fonction, ayant un savoir, peut anticiper les conséquences afférentes. Il a alors le devoir de les prévenir. Ainsi, si ce deuxième agent savait que le vase avait un pied fragile, il porte aussi une part de responsabilité de sa détérioration, car il aurait pu prévenir le premier agent, mettre le vase de côté, etc. On trouve cette forme de responsabilité mise en avant notamment par Hans Jonas dans son célèbre ouvrage *Le principe responsabilité*[38].

En recherche finalisée (quadrants d'Edison et de Pasteur), les travaux vont explicitement concourir à réaliser une application connue à l'avance. La responsabilité incriminée ici dans le choix du sujet relève donc de la responsabilité-imputabilité : au moment où ces recherches sont abordées, on sait qu'elles mèneront directement à des réalisations concrètes, connues à l'avance. C'est cette responsabilité qui était à l'œuvre lorsque j'ai commencé à travailler sur la génération des tourbillons au sud-ouest Portugal. Dans ce cas précis, il faut reconnaître que cette application ne semble pas spécialement problématique. Il en est bien évidemment autrement pour d'autres types d'application, comme la bombe atomique ou le clonage humain par exemple.

La situation est très différente quand on cherche à développer la connaissance de façon purement fondamentale, sans application en vue (quadrant de Bohr). Comme je l'ai montré, le point de départ a bien été choisi, mais le fonctionnement de la recherche fondamentale est tel que l'on peut à l'arrivée avoir développé des connaissances dans d'autres domaines. De plus, la connaissance ainsi développée étant très théorique, il est difficile d'en apprécier la portée. Lorsqu' Einstein a choisi de travailler sur les lois de la mécanique, il ne savait pas qu'il déboucherait –entre autre- sur la fameuse équation « $E=mc^2$ »[*], et encore moins que cette équation serait à la base de la réalisation de la bombe atomique quarante ans plus tard.

Le concept de responsabilité-imputabilité est donc difficile à utiliser ici : il est difficile d'imputer les conséquences d'un acte

---

[*] Pour mémoire, dans cette équation, E est l'énergie, m la masse, c la vitesse de la lumière. Cette équation montre l'équivalence entre matière et énergie.

à quelqu'un qui n'en a pas idée. En revanche, il me semble que le problème s'éclaircit si on utilise le concept de responsabilité-devoir. Selon lui, les acteurs de la recherche, par leur position privilégiée au cœur de la connaissance en train de s'élaborer, ont le devoir de vigilance, le devoir de tenter d'anticiper les répercussions que leurs travaux sont susceptibles d'avoir. Il peut bien entendu s'agir d'applications (comme la bombe atomique), mais il peut aussi s'agir d'autres types de répercussions. Ainsi, Sir Michael Atiyah, président sortant de la Royal Society, a suggéré que le déclin économique du Royaume-Uni au cours de la deuxième moitié du XXe siècle, comparé à l'Allemagne, était dû à l'acharnement britannique à investir dans des recherches nucléaires à visée militaire, tandis que les investissements allemands étaient concentrés dans la recherche civile. Le choix d'un sujet de recherche suppose un arbitrage entre différentes possibilités : il suppose d'accorder plus de poids à un sujet plutôt qu'à un autre, et suppose en symétrie de renoncer à d'autres sujets.

Les chercheurs me semblent particulièrement bien placés pour cela, d'une part parce qu'ils maîtrisent les enjeux scientifiques, et d'autre part parce qu'ils peuvent réfléchir à ces enjeux au fur et à mesure de l'avancement de leurs recherches. Or, plus on s'interroge en amont d'une recherche, plus on donne le temps à la réflexion de mûrir. On rejoint là Klaus M. Meyer-Abich[39] qui suggère que « *les scientifiques (...) devraient dédier une certaine fraction de leur temps à se demander pourquoi ils estiment intéressantes, ou dignes d'être résolues, les questions sur lesquelles ils travaillent* ».

La réflexion sur la responsabilité doit prendre en compte le fait qu'elle est partagée entre de nombreux acteurs. Je n'ai jamais été seul à choisir mes sujets de recherche. Mon collègue américain D. y a également contribué, tout comme le Cmo, mon organisme employeur, ou l'agence de financement américaine qui, au travers de son appel d'offres, a orienté nos recherches. De façon générale, un chercheur est très rarement seul dans cette phase, et peuvent être impliquées les responsabilités de nombreuses entités : celle de l'employeur qui fixe les objectifs de son équipe de recherche ; celle de la personne qui définit les thèmes des appels d'offres ; celle du chercheur dans sa réponse à un appel d'offre ; celle du chercheur fondamental qui propose des sujets ; celle de chaque membre de l'équipe de recherche ; celle de la société dans son ensemble, qui joue aussi un rôle dans le processus en formulant des demandes dans certaines directions (voir par exemple en France le plan Alzheimer 2008-2012). Précisons que ces responsabilités portent tout autant sur le choix *d'aborder* un sujet de recherche, que sur le choix *de ne pas en aborder* un autre.

La responsabilité du choix se répartit entre ces nombreuses entités, à des degrés difficilement pondérables. Il semble donc naturel d'étendre les conclusions du paragraphe précédent à tous les acteurs impliqués dans le processus d'adoption des sujets de recherche. Ce partage des responsabilités peut cependant être source de difficultés. Il peut rendre difficile la prise de conscience par chacun de sa propre part, et inciter chacun à se reposer, consciemment ou pas, sur son voisin. Les exemples de ce type sont fréquents. Ainsi, l'augmentation de l'effet de serre résulte de la somme des petites contributions individuelles, mais pourtant chacun a du mal à se penser comme y ayant une part de responsabilité, et à faire quelque chose pour lutter contre.

La prise de conscience des enjeux associés à une recherche peut également être compliquée dans le contexte d'une recherche globalisée et fragmentée. Les avancées de la recherche sont le fait de chercheurs disséminés dans le monde entier, chacun apportant sa pierre à un édifice toujours plus grand. La spécialisation des chercheurs les empêche d'avoir une vision globale, de mesurer les enjeux, les impacts de leurs propres travaux.

Bilan

Ce chapitre a mis en lumière les nombreuses questions que les choix de sujets de recherche soulèvent.

L'adoption ou non d'un sujet de recherche peut impliquer de nombreux intervenants : le chercheur, l'organisme employeur, un organisme de financement extérieur, la société dans son ensemble. J'ai choisi d'étudier le positionnement de chacun par le biais d'une analyse de la liberté. Source de créativité pour les chercheurs, elle favorise l'avancement de la recherche, mais en même temps, elle peut être légitimement restreinte par tous les autres intervenants mentionnés. J'ai cependant montré que ces deux domaines, ne relevant pas de la même forme de liberté, n'étaient pas incompatibles, et qu'il était, de ce fait, possible d'envisager une restriction en termes de choix de sujets, sans pour autant perturber outre mesure la créativité des chercheurs. Ceci nécessite de préciser clairement les limites de ces deux domaines.

En ce qui me concerne, j'avais pu finalement explorer avec une certaine liberté les différentes perspectives ouvertes par mes recherches, tout en résolvant le problème initial de la génération de tourbillons au large du Portugal. Mais l'équilibre entre ces différents travaux était resté relativement flou, et aurait sans doute mérité plus de clarté.

J'ai aussi abordé le problème de la responsabilité, en montrant qu'il était utile de distinguer recherche fondamentale pure et recherche finalisée pour mieux en cerner les enjeux. En recherche finalisée, le choix du sujet est fait en connaissance de cause, en sachant où il va mener, et on est donc à même de répondre de ce choix et de ses conséquences. En recherche fondamentale pure, le problème est différent : menée sans objectif particulier, elle nécessite un autre concept de responsabilité que j'ai appelé la responsabilité-devoir. C'est le devoir d'anticiper, autant que possible, les implications des recherches entreprises.

Le problème de la responsabilité est compliqué du fait du nombre d'acteurs (chercheurs, collègues, employeurs, financeurs, société) qui interviennent dans le processus de choix du sujet de recherche : la responsabilité est donc partagée, ce qui peut rendre difficile la prise de conscience par chacun de sa propre part.

IV. Questions éthiques entourant la conduite des recherches

Dans ce chapitre, je voudrais m'intéresser à la conduite des recherches, c'est-à-dire à la phase au cours de laquelle le chercheur travaille le sujet retenu, essaye de comprendre les processus sous-jacents, d'expliquer ce qui se passe. On est là au cœur du travail de recherche, la phase d'accroissement de la connaissance.

La conduite des recherches comprend plusieurs composantes : le rassemblement des connaissances déjà existantes sur le sujet ; le travail d'élaboration théorique, à l'aide d'approches analytique, numérique -c'est-à-dire le recours à des ordinateurs-, expérimentales, etc. ; la comparaison aux observations ; la soumission des résultats à la communauté scientifique.

Je m'appuierai dans ce chapitre sur une recherche que j'ai moi-même conduite pour m'interroger sur la responsabilité que le chercheur peut avoir dans les différentes composantes évoquées ci-dessus. J'étudierai ensuite les tensions éthiques qui habitent toute cette phase, tant du côté du chercheur, que du côté de la communauté scientifique, dont nous verrons l'importance du rôle qu'elle joue.

Les circonstances

Dans cette partie, je décris la façon dont j'ai conduit mes recherches amorcées sur le problème du courant circulant au sud-ouest du Portugal. J'en entamerai l'analyse éthique à la partie suivante.

Mon travail a débuté avec la lecture d'articles scientifiques. Les premiers traitaient de la circulation au large du Portugal, et plus particulièrement du courant source des tourbillons auxquels je m'intéressais. Ils décrivaient son comportement, son débit (trois millions de m^3/s –trois fois l'Amazone), la répartition des vitesses en son sein (autour de 3 km/h), etc. Aucun article ne s'intéressait spécifiquement au comportement du courant autour du cap Saint-Vincent.

Certains articles décrivaient les tourbillons observés au large du courant : leur taille (une centaine de kilomètres de diamètre), leur épaisseur (environ deux-cents mètres), leur vitesse de déplacement (quelques kilomètres par jour), leur température (12°C) etc.

J'ai aussi trouvé des articles étudiant des courants contournant des caps ailleurs dans le monde. L'un d'entre eux en particulier a retenu mon attention : il concernait un courant formant des tourbillons en contournant un cap situé en Alaska ! L'étude ne proposait cependant pas de mécanismes très précis. J'ai aussi lu des articles théoriques, abordant le problème du comportement de courants autour de caps dans des configurations idéalisées et simplifiées. Certains utilisaient des modèles numériques, d'autres des modèles analytiques, d'autres enfin des expériences en modèles réduits (dans des bassines d'eau...) –je reviendrai sur ces types d'approche plus loin.

Toutes ces lectures m'ont aidé à mieux cerner le sujet, les acquis et les points flous, les méthodes possibles. Cependant, aucun travail ne m'a paru fournir de modèle théorique complètement satisfaisant du comportement d'un courant contournant un cap, et j'ai donc décidé d'approfondir cette question.

Mon inclination naturelle m'a poussé à tenter une approche analytique* du problème. Pour cela, j'avais à ma disposition les quatre équations de base de l'océanographie physique, dont la résolution permet théoriquement de calculer les trois composantes de la vitesse (vers l'ouest, vers le nord, et sur la verticale) ainsi que la pression en tout point de l'océan, et à tout instant. Dans la pratique, les problèmes sont rares où l'on parvient à résoudre ces équations.

Pour simplifier, j'ai été amené à adopter une autre version de ces équations, qui modélise l'océan comme des empilements de couches homogènes. Dans mon cas, je me suis restreint à deux couches seulement : celle de mon courant, et le reste de l'océan, que j'ai choisi, là encore pour simplifier, de considérer au repos. Il s'agit là des équations dites « à une couche et demie ». En toute rigueur, cette dernière approximation n'est valable que si l'océan est infiniment profond, et reste donc d'autant plus valable que la zone étudiée est profonde. Elle néglige l'influence des mouvements se produisant par ailleurs, et également l'influence de la topographie de fond.

Malgré ces simplifications, j'ai longtemps buté sur la complexité du problème, en particulier dans la zone du cap : sa présence complique beaucoup les choses par rapport à une configuration où la côte serait rectiligne.

En parallèle, j'ai pris connaissance, à l'instigation du chercheur américain D. dont j'ai déjà parlé, de l'existence d'une autre approche théorique. Le point de départ est le jeu d'équations « à une couche et demie » évoquée plus haut, supposé permettre de décrire le comportement du courant le long de son parcours. Grâce à d'habiles mais néanmoins rigoureuses transformations, on peut réduire ce jeu d'équations à une seule, que j'appellerai équation-bilan. Pour être utilisée, cette équation a le mérite supplémentaire de ne plus nécessiter

---

* Dans ce contexte, on entend par « analytique » le recours aux équations pour résoudre « à la main » le problème.

la connaissance du courant en tout point de son parcours, mais uniquement à ses extrémités. Dans mon cas, c'était particulièrement précieux, car cela pouvait me permettre d'éviter d'avoir à faire des calculs au voisinage du Cap, dont j'ai indiqué la difficulté.

J'ai donc examiné si ce nouvel outil pouvait m'être utile pour mon problème. Cela m'a conduit à reprendre ce dernier, et l'adapter pour permettre sa résolution : j'ai débouché sur le problème-ouest décrit dans le chapitre précédent. La toujours trop grande complexité de ce problème m'a ensuite incité à commencer par étudier le problème-nord, rappelé Figure 7.

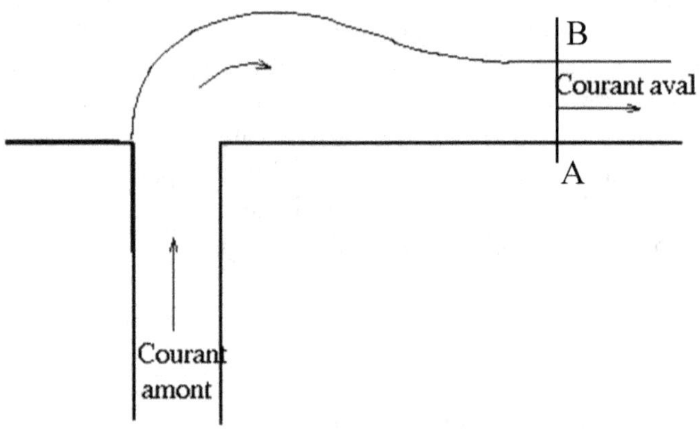

Figure 7 : configuration avec un courant amont circulant vers le nord (« problème-nord »).

A notre grande surprise, nous avons pu montrer que l'équation-bilan pour ce problème ne possédait pas de solution, ce qui signifie que la situation que nous avons décrite Figure 7 n'a pas de sens physique. Pourtant, des courants sortant d'un détroit vers le nord existent bel et bien dans la réalité, et le comportement ici décrit pour de tels courants, tournant à droite à la sortie du détroit sous l'influence de la force de Coriolis, est conforme à ce qu'en attendent classiquement les océanographes... Mais il a bien fallu nous rendre à l'évidence, une telle situation était pourtant contraire aux lois de la physique.

Nous avons tenté de comprendre ce qui se passait physiquement. La situation ressemble en fait à ce qui se produit dans un réacteur d'avion : l'air éjecté vers l'arrière par le réacteur, exerce par contrecoup sur le réacteur –et donc sur l'avion- une force de propulsion vers l'avant. Ici, le courant qui sort sur l'est (entre A et B) exerce par contrecoup une force de recul vers l'ouest, et il doit donc se produire quelque chose vers l'ouest. Pour des raisons complexes, ce ne peut pas être un courant, et nous avons proposé que des tourbillons soient régulièrement produits à la sortie du détroit, et partent ensuite vers l'ouest sous l'influence d'un mécanisme bien connu des océanographes. On aboutit alors à la situation représentée Figure 8. La force de recul provoquée par le courant sortant vers l'est se traduit maintenant par la génération régulière de tourbillons vers l'ouest.

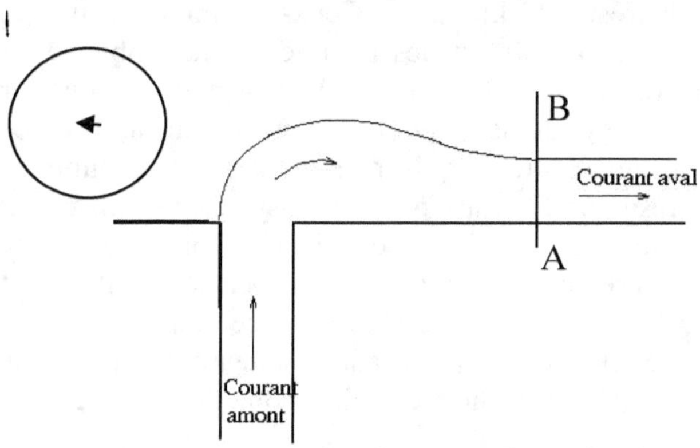

Figure 8 : solution du problème nord, formation de tourbillons partant vers l'ouest

Dans cette nouvelle configuration, l'équation bilan de D. ne fonctionnait plus, car elle n'avait été établie que pour les situations stationnaires, c'est-à-dire dans lesquelles aucun phénomène ne fluctue dans le temps, ce qui n'est plus le cas avec la formation des tourbillons. Il m'a alors fallu chercher s'il y avait moyen d'étendre cette approche aux situations instationnaires. Cela m'a pris plusieurs semaines, au cours desquelles j'ai été amené à m'inspirer de travaux menés en mécanique des fluides plus classique, à buter et rebuter sur des difficultés... J'ai finalement abouti à une nouvelle équation bilan, valable dans les situations périodiques.

Néanmoins, du fait du nombre d'inconnues, il était nécessaire de lui adjoindre d'autres équations pour parvenir à tout calculer. Or, afin de garder suffisamment de simplicité au problème et pouvoir le résoudre, nous avons décidé de nous affranchir de certaines équations fondamentales trop complexes, et de les remplacer par des équations plus simples, mais plus approchées. C'est ainsi par exemple que nous n'avons pas pu envisager de calculer la distance séparant deux tourbillons, et avons décidé de résoudre le cas extrême où ils étaient adjacents les uns aux autres.

La résolution des équations nous a alors fourni un certain nombre de résultats littéraux*. Ceux-ci sont précieux, car ils permettent de voir l'effet des paramètres du problème sur les solutions. Ils ont montré par exemple dans notre cas que lorsque l'on augmente le débit du courant dans le détroit, le rayon des tourbillons augmente, tandis que la périodicité diminue. De plus, les résultats littéraux peuvent ensuite être utilisés sur des cas océaniques précis. Pour ce qui nous concerne, nous nous sommes intéressés au Courant des anneaux circulant dans le Golfe du Mexique. Des mesures dans ce courant avaient déjà été réalisées et publiées par d'autres auteurs, et nous avons pu les exploiter pour attribuer des valeurs aux différents paramètres

---

* dans lesquels les solutions sont exprimées en fonction des paramètres du courant.

intervenant dans nos formules littérales. Le rayon des tourbillons du Golfe du Mexique ainsi prédit par notre théorie est de 240km, et la périodicité de formation de 300 jours, en bon accord avec les observations.

D'autre part, les observations montrent que cette périodicité oscille en fait entre 240 et 400 jours. Nos résultats, qui montrent la dépendance de la périodicité avec le débit du courant dans le détroit, suggèrent que ces fluctuations pourraient être reliées à des variations de ce débit –hypothèse à valider bien entendu par des observations appropriées.

Ce type d'approche analytique nous a donc permis : (1) de comprendre quel était le mécanisme à l'origine de la formation des tourbillons -sans eux, la force du courant sortant vers l'est n'est pas équilibrée ; (2) d'exprimer les différentes caractéristiques des tourbillons (taille, périodicité) en fonction des données du courant, et de voir ainsi leur influence –par exemple, une augmentation du débit entraîne une diminution de la périodicité ; (3) de calculer sur une situation océanique précise la taille prévue

L'analyse théorique ci-dessus avait fait des hypothèses que nous souhaitions vérifier. La première était que, juste à la sortie du détroit, le courant se détacherait de la côte et continuerait plein nord (Figure 9) puis, sous l'influence de la force de Coriolis, il serait progressivement dévié vers la droite jusqu'à finalement recoller à la côte. Là, selon certaines études, il se scinderait en deux branches : une partie s'écoulant vers l'est le long de la côte, et une partie alimentant une poche tourbillonnaire emprisonnée, qui serait ultérieurement entraînée vers l'ouest pour former un tourbillon. La deuxième hypothèse à vérifier était la formation régulière de tourbillons partant vers l'ouest.

L'hypothèse de détachement à la sortie du détroit s'appuyait sur certaines études théoriques qui suggéraient que lorsqu'un cap fait un angle trop brutal, le courant ne peut suivre et décolle de la côte. Il nous a cependant paru nécessaire de valider expérimentalement cette hypothèse. Pour cela, j'ai réalisé des expériences reproduisant dans une bassine d'eau la sortie d'un courant à partir d'un détroit.

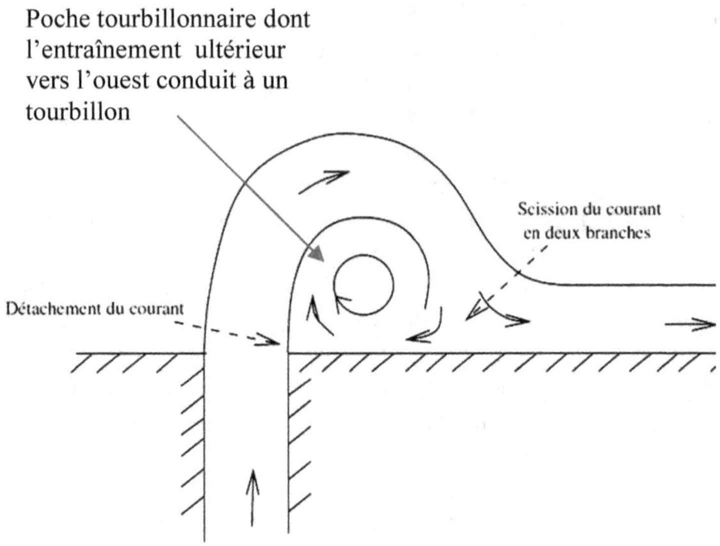

Figure 9 : hypothèse de comportement du courant à la sortie du détroit.

La particularité des écoulements océaniques est le rôle important qu'y joue la force de Coriolis, provoquée par la rotation terrestre. Celle-ci ne se fait sentir que lorsque les déplacements ont une ampleur suffisamment importante, de l'ordre de plusieurs dizaines de kilomètres : c'est pourquoi nous ne la sentons pas dans notre vie de tous les jours, et c'est pourquoi les courants océaniques y sont sensibles. La bassine dont je disposais faisait une cinquantaine de centimètres de diamètre, ce qui rend bien évidemment les courants y circulant insensibles à la force de Coriolis terrestre. Il est donc nécessaire de les soumettre à une force de Coriolis artificiellement grande, obtenue en posant la bassine sur un plateau tournant entraîné par un moteur. Pour que la force y ait une intensité proportionnelle à celle ressentie par les courants océaniques, la vitesse de rotation de la bassine a été ajustée à un tour toutes les trois secondes environ.

Pour réaliser une expérience, je commençais par remplir la bassine aux trois-quarts avec de l'eau salée (Figure 10). Comme je l'ai indiqué, les calculs théoriques que j'ai menés sont faits dans une approximation qui nécessite que « l'océan » soit aussi profond que possible. Je remplissais également d'eau douce (plus légère) colorée en rouge (pour la distinguer de l'eau salée) un petit réservoir situé au dessus de l'eau salée. Un tuyau terminé par un embout en plexiglas reproduisant un détroit, permettait d'amener (par gravité) l'eau douce à s'écouler sous forme de courant à la surface de l'eau salée.

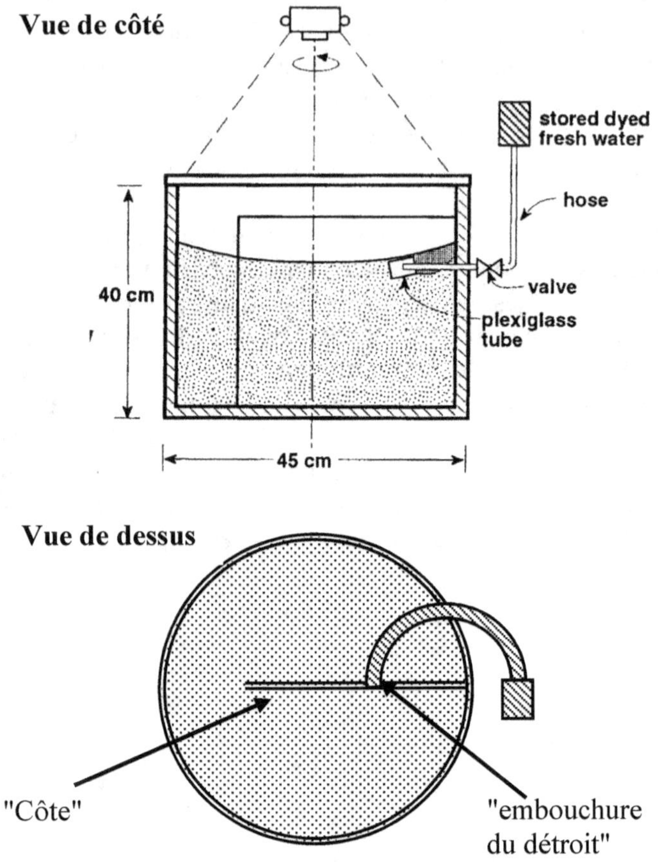

Figure 10 : dispositif expérimental

Initialement, l'eau douce ne s'écoule pas –une pince à linge ferme le tuyau. On met en rotation l'ensemble. Il faut une trentaine de minutes pour que les remous consécutifs à la mise en branle de l'ensemble du volume fluide cessent : c'est le temps nécessaire à ce que le fluide soit lui-même entièrement en rotation. A ce moment-là, on peut –en courant autour du dispositif tournant - retirer la pince à linge : l'eau douce commence à s'écouler à la surface de l'eau salée, et l'expérience proprement dite démarre. A l'aide de l'appareil photo fixé au-dessus du dispositif, on peut prendre des photos.

La mise au point de ce dispositif a pris du temps, et j'ai rencontré diverses difficultés. Ainsi, au début, le mécanisme de rotation de l'ensemble était assez irrégulier, ce qui générait des phénomènes parasites dans la cuve. Il y a ensuite eu des expériences où le fluide coulait trop peu, et où on ne voyait rien. Après cette phase de mise au point, j'ai pu réaliser des expériences convenables. Je n'en ai malheureusement pas retrouvé les photos, et reproduis donc manuellement les résultats principaux (Figure 11). Certaines expériences ont montré un fluide tournant directement à droite à la sortie du détroit. D'autres ont bien reproduit ce que nous avions imaginé : une sortie du détroit tout droit, avec un virage à droite plus au large. Le passage d'un comportement à l'autre se produisait en augmentant le débit de l'eau douce.

Nous avons donc vérifié que l'écoulement du courant tout droit à la sortie du détroit était quelque chose de plausible, et avons affiné le domaine de validité de ce comportement. En revanche, ces expériences en bassine ne pouvaient aller jusqu'à reproduite la formation de tourbillons : d'une part parce que tous les ingrédients de la mécanique océanique n'y étaient pas représentés (en particulier la variation de la force de Coriolis avec la latitude), et d'autre part parce que la bassine était trop petite pour faire des expériences suffisamment longues : le courant d'eau douce la remplissait très vite.

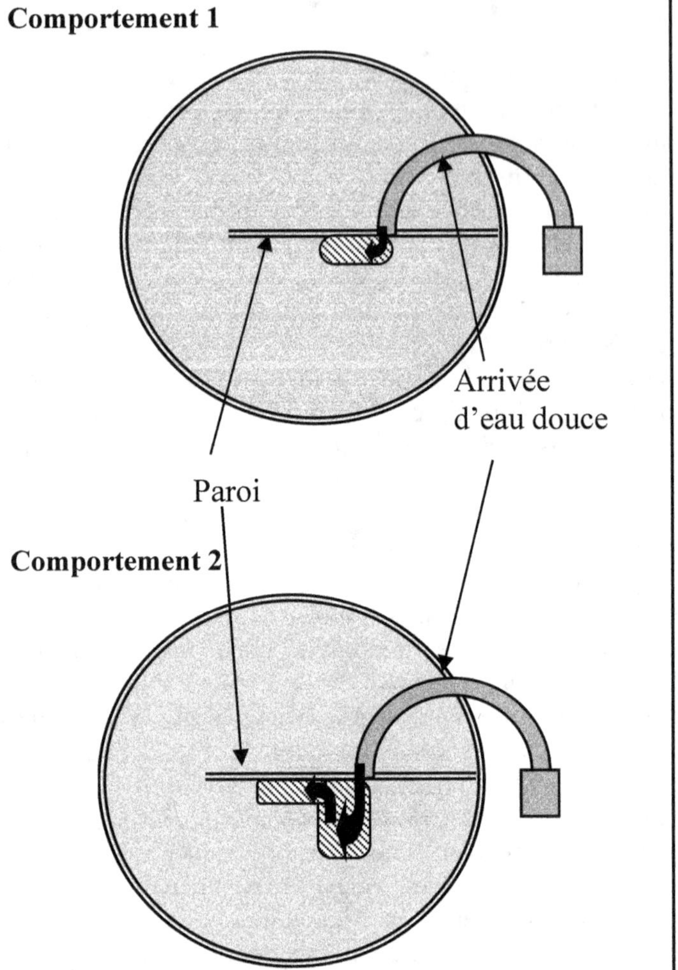

Figure 11 : observations expérimentales du rôle du débit. En haut, le fluide tourne directement à droite ; **en bas**, il commence par faire une large incursion **dans la bassine.**

Ces expériences en cuve tournante, si elles avaient le mérite de nous mettre en situation naturelle, ne pouvaient pas reproduire suffisamment de mécanismes existant dans l'océan, et notamment celui responsable du déplacement des tourbillons vers l'ouest. J'ai donc souhaité corroborer tous ces résultats par des simulations numériques, c'est-à-dire en recourant à un programme informatique résolvant les équations de l'océanographie. Grâce à des algorithmes mathématiques puissants, ces programmes résolvent précisément les équations, permettant de calculer le détail des écoulements y compris dans les endroits complexes tels les caps ou les sorties de détroit, et de les visualiser ensuite en tout point. Mon objectif premier ici était de valider l'ensemble du processus, et en particulier le fait que des tourbillons seraient effectivement générés (cela n'était jusqu'à présent qu'une intuition). Cependant, comme nous allons le voir, les simulations numériques permettent aussi de glaner beaucoup d'autres informations.

D., mon collègue américain, possédait un programme globalement adapté à mon problème. Je l'ai donc adopté, mais ai néanmoins dû lui apporter un certain nombre de modifications. Ainsi, il a fallu que je simule la sortie du courant par la droite du domaine de calcul, tout comme celle des tourbillons à gauche. Pour des raisons un peu complexes, ces sorties ne se programment que par des méthodes approchées, peu rigoureuses, et dont on est satisfait lorsqu'elles ont l'air de fonctionner. De la même façon, les méthodes utilisées par ces programmes pour résoudre les équations sont approchées, et nécessitent d'ajouter des garde-fous pour que le code fonctionne bien. L'un d'entre eux consiste à rendre l'eau beaucoup plus visqueuse qu'elle ne l'est en réalité. L'ajustement de la viscosité fait aussi partie des tâtonnements préalables… Au final, la prise en main du modèle, son adaptation à mon problème, la correction des nombreux « bugs » (erreurs de programmation) que l'on fait inévitablement, les simulations proprement dites, la vérification des résultats, ont nécessité plusieurs mois de travail.

Sur la Figure 12, on peut voir que le courant se comporte exactement comme prévu. Il s'écoule vers le nord à la sortie du détroit, puis tourne progressivement vers la droite jusqu'à recoller à la côte. Des tourbillons sont, dans le même temps, régulièrement générés vers l'ouest. De plus, nous avons vérifié qu'ils permettent effectivement d'équilibrer le terme $T\int_{A}^{B} hu^{2}dy$ dû à la sortie du courant vers l'est.

Sur ces simulations, il est, bien entendu, possible de déterminer la taille des tourbillons, leur périodicité de formation, etc. On peut également faire varier certains paramètres, observer les modifications résultantes. Bref, l'outil possède une souplesse certaine : ces simulations m'ont permis d'obtenir des résultats sans les hypothèses simplificatrices faites analytiquement, d'aborder des configurations plus complexes, d'élargir ainsi les résultats et d'accéder à des résultats quantitatifs plus détaillés.

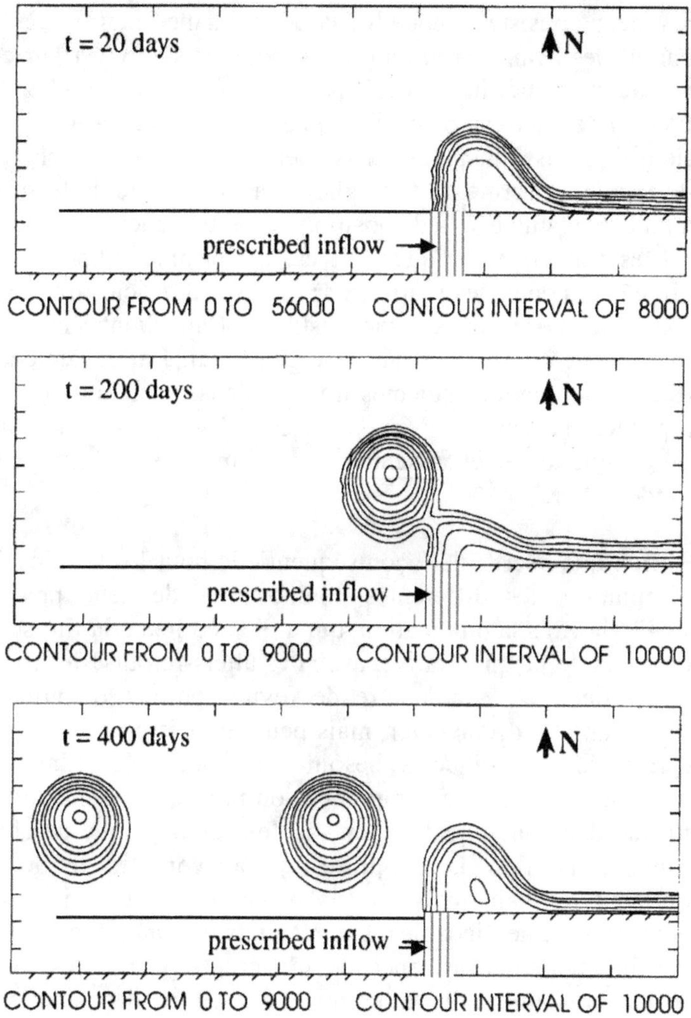

Figure 12 : simulations numériques. Sont représentées les lignes d'égale épaisseur du courant (une ligne tous les 100m) : le courant s'écoule, *grosso modo,* le long de ces lignes.

Comme nous l'avons vu, un aspect important du travail du chercheur consiste à recueillir la connaissance pour se tenir au courant des avancées des autres et pouvoir s'appuyer sur elles. De façon symétrique, ceci requiert que chaque chercheur diffuse la connaissance qu'il acquiert lui-même. La publication scientifique est ainsi l'aboutissement du travail de recherche : elle le met en forme, le fait valider par un comité de lecture, et en met les résultats à la disposition des autres chercheurs.

Mes travaux théoriques ont été à l'origine d'une série de publications dans des journaux spécialisés d'articles traitant des problèmes nord, ouest, sud, est, du Cap Saint-Vincent, et d'autres encore, que je n'ai pas évoqués ici. J'ai également fait des communications sur mes travaux dans plusieurs colloques, en particulier ceux de l'*European Geophysical Society,* qui ont lieu chaque année et rassemblent de nombreux scientifiques du monde entier.

Bien que décrits de façon séquentielle pour les besoins de la présentation, les différentes composantes de cette phase de travail –hormis la publication, qui a bien eu lieu à la fin- se sont déroulées de façon itérative, avec des allers-retours, des travaux en parallèle, etc. La lecture de revues permet d'amorcer le travail sans tout réinventer, mais peut aussi être reprise lorsque la réflexion théorique a besoin d'être éclairée. L'approche analytique permet une compréhension physique du phénomène, puisque dans une équation, on sait le sens physique de chaque terme. Lorsqu'on la simplifie, qu'on voit les termes qui dominent, on sait quels aspects physiques sont en jeu ou au contraire sont négligeables. Les résultats littéraux permettent de voir directement l'influence des différents paramètres. Ils ont été un préalable utile à la mise en œuvre des simulations numériques, en montrant la configuration pertinente qu'il fallait programmer. Inversement, la souplesse d'utilisation des simulations numériques leur permet d'aller plus loin que l'approche analytique et d'examiner certains comportements que nous n'avions pas su initialement résoudre analytiquement.

Enfin, les expériences en bassine ont, elles aussi, confirmé dans un premier temps certaines hypothèses, mais ont aussi suggéré d'examiner plus finement le rôle de quelques facteurs – comme le débit.

Finalement, les résultats sont communiqués à la communauté scientifique, ce qui permet leur critique et leur utilisation par d'autres.

Un questionnement sur la responsabilité

La détermination d'un sujet de recherche, décrite au chapitre précédent, mobilise un certain nombre d'acteurs - chercheurs, mais aussi employeurs et financeurs. A l'inverse, l'élaboration de la connaissance que nous abordons ici n'implique que des chercheurs. Si dans cet aspect de mon travail, j'ai collaboré avec d'autres personnes, et en particulier D., tous étaient des océanographes : eux seuls étaient à même de comprendre de quoi il s'agissait, et de pouvoir contribuer à l'avancée des travaux. Nous sommes ainsi véritablement dans la sphère professionnelle telle que la décrit A. Goldman dans son article du *Dictionnaire d'éthique et de philosophie morale* consacré à l'éthique professionnelle[40], la sphère où il est impossible à des non initiés de s'y retrouver. Comme le souligne A. Goldman, on fait appel aux professionnels lorsque l'on a un besoin dans le domaine concerné, et que l'on ne sait pas y répondre soi-même : « *Lorsqu'on souffre d'une lacune ou d'une défaillance dans l'un de ces domaines, le seul moyen d'y remédier est de s'adresser à un professionnel* ». Alors, « *lorsque l'on fait appel à un professionnel, l'on s'attend habituellement à ce que ces spécialistes adhèrent aux valeurs fondamentales de l'exercice de leur profession.*». Ceci est d'autant plus important du fait de « *la dissymétrie initiale de la rencontre entre le professionnel détenteur d'une compétence technique qui lui confère un pouvoir exorbitant et l'usager qui, de ce fait, se trouve sous sa dépendance* ». La responsabilité des chercheurs semble donc centrale dans cette phase.

Pourtant, on observe fréquemment des hiatus, des déviances. Régulièrement, des affaires défrayent la chronique. Pensons à l'affaire Hwang[41], par exemple, ce biologiste coréen qui, en 2004-2005, annonçait avoir obtenu des embryons humains par clonage, et qui fut finalement convaincu de fraude. Les dérapages peuvent prendre des formes plus ou moins subtiles : le tri des données, leur falsification, la non-reconnaissance des contributions d'autrui, le plagiat, etc. D. Resnik[42] écrit ainsi qu': « *ont [été] étudiés des cas de mauvaise conduite éthique dans de nombreux aspects de la recherche : plagiat, fraude, violation de la loi, mauvaise gestion des fonds"* ». Quelle est l'origine de ces dérapages ? Comment le chercheur s'y trouve-t-il engagé ?

Il y a aussi de nombreuses oppositions à cette responsabilité des chercheurs dans cette phase de leur travail. Deux types d'arguments sont avancés.

Selon Klaus M. Meyer-Abich[43], la responsabilité n'est possible que s'il y a liberté. Or, les résultats que produit le chercheur ne seraient que l'expression de ce qui se trouve dans la nature : il n'en serait donc pas maître, ni responsable. « *En ce qui concerne les résultats scientifiques (...), on n'est pas libre d'atteindre un résultat après qu'une question donnée a été posée. (...) Il n'y avait pas le choix d'en atteindre un autre –en tout cas dans les sciences de la nature* ». C'est ce que j'appellerai une exemption de responsabilité qui s'exprime ici.

Mais il y a une autre forme de rejet de responsabilité dans cette phase de recherche, qui est son refus par choix délibéré. Il est la perception d'une nécessité. C'est ce qu'écrit par exemple le biologiste Lewis Wolpert[44] : « *Il est essentiel de reconnaître qu'une connaissance scientifique fiable est exempte de valeur* ». Ce point de vue est aussi relevé par Agnieszka Lekka-Kowalik[45] : « *La science n'est pas autorisée à formuler de jugements de valeur (...) ; toute recherche dans laquelle de tels jugements de valeur apparaissent constitue un exemple de mauvaise science* ». Selon cette formulation, la science, se voulant une démarche rationnelle et objective, doit être exempte de toute contamination par des jugements de valeur subjectifs. Par conséquent, dire que la science est exempte de valeur –et donc en particulier que les chercheurs sont exempts de responsabilité- est indispensable à son bon fonctionnement.

Ainsi, le champ de la responsabilité du chercheur dans la phase de conduite des recherches n'est pas clair. Il convient donc de l'affiner, ce qui constituera l'amorce de ma réflexion éthique sur cette phase. Pour cela, j'aborderai successivement dans les prochains paragraphes les trois composantes principales du travail d'élaboration de la connaissance : l'élaboration théorique, la confrontation aux observations, la validation par la communauté scientifique. Je ne m'appesantirai pas sur le rassemblement des connaissances déjà existant sur le sujet, qui ne me paraît pas soulever de questions éthiques particulières. A cela une exception, le plagiat, qui est de façon évidente un comportement répréhensible que j'évoquerai plus loin.

Ma responsabilité dans ma démarche d'élaboration théorique

L'élaboration théorique est la recherche de lois gouvernant les processus observés dans la nature : « *La science vise à découvrir, non pas des faits singuliers et isolés, mais des régularités qui s'expriment dans des propositions générales* »[46]. Enoncer que le courant circulant au large du Portugal génère des tourbillons est intéressant, mais le travail devient véritablement scientifique lorsqu'il montre que cette génération obéit bien aux lois de la physique, qu'il identifie à quelles lois, qu'il nous fait comprendre quels sont les éléments clefs qui régissent le processus, qu'il permet d'en déduire à quelle(s) condition(s) un autre courant ailleurs dans le monde se comportera de la même manière, etc.

L'élaboration théorique comporte deux aspects : la formulation du problème, et sa résolution. Comme toujours, ces deux aspects sont dans la pratique très enchevêtrés. Ma démarche d'élaboration théorique a procédé par reformulations successives : du courant contournant le cap Saint-Vincent, je suis passé à un courant sortant d'un détroit, puis j'ai adopté la configuration à gravité réduite, etc. J'ai ainsi transformé progressivement le problème initial que je m'étais posé, de façon à déboucher sur un problème auquel je puisse apporter une solution. C'est donc au fur et à mesure que je constatais que je ne pouvais résoudre mes problèmes que je les ai transformés. C'est lorsque j'ai pu apporter une résolution complète à mon problème que ce dernier s'est stabilisé.

Bien qu'entremêlées, il est cependant utile d'étudier séparément formulation et résolution, car les questions qu'elles soulèvent sont différentes.

Comme on a pu l'entrevoir sur mon propre cas, la transformation progressive de mon problème, depuis le sujet initial jusqu'au problème auquel j'ai pu apporter une solution, s'est faite sans méthode particulière. Ce qui est nécessaire ici, c'est du flair, de l'intuition, des explorations successives, des demi-tours dans les impasses…

L'imagination et la créativité y jouent un rôle important. Cela peut constituer un sujet d'étonnement : je pense que l'idée que l'on se fait de la démarche scientifique –en tout cas, c'est celle que je me faisais avant d'y être plongé moi-même - est celle d'une démarche objective, rigoureuse, déroulant des conclusions solides à partir de prémisses non moins solides. D'ailleurs, cette phase de formulation était assez nouvelle par rapport à ce que j'avais appris au cours de mes études : lorsqu'on est étudiant, on nous soumet des problèmes de mathématiques ou de physiques rédigés de telle sorte qu'ils aient une solution, trouvable en appliquant les théorèmes énoncés en cours.

Enfin, il est important de noter que cette dynamique de l'imagination et de la créativité introduit une part important de subjectivité dans la connaissance ainsi élaborée.

Une bonne partie de la démarche de formulation théorique a consisté à *simplifier* mon problème afin d'en obtenir un que je sache résoudre. Pour reprendre la terminologie d'E. Morin[47], la simplification *« isole les objets non seulement les uns des autres, mais aussi de leur environnement »*.

La démarche de simplification que j'ai suivie est courante en science. Elle a été proposée dès 1637 par Descartes dans son *Discours de la méthode*[48] : « *Le second [précepte était] de diviser chacune des difficultés que j'examinerai, en autant de parcelles qu'il se pourrait, et qui serait requis pour les mieux résoudre* ». Ce précepte constitue depuis cette époque un des piliers de la démarche scientifique.

La démarche de simplification relève d'une certaine logique, possède une certaine pertinence. La nature étant le siège d'une multitude de processus enchevêtrés, la simplification en isole un de façon à en étudier le fonctionnement. Ainsi, dans mon cas, c'est le processus de changement de direction du courant qui m'intéressait : autour du Cap Saint-Vincent dans le problème naturel, ou à la sortie du détroit dans le problème-ouest. Afin de l'étudier plus facilement, j'ai supprimé tous les autres effets possibles qui auraient pu interagir, parasiter ce processus particulier : effets de la topographie et du reste de l'océan (supprimés en prenant un océan infiniment profond), du vent (absent de mon modèle), etc. J'ai pu ainsi simplifier le problème, les équations associées, isoler le mécanisme, et étudier son impact sur le courant.

Les simplifications sont donc à peu près incontournables pour qui veut tenter de comprendre les phénomènes naturels. Cette façon de procéder a contribué au développement considérable de la science depuis le XVIIe siècle. On la voit à l'œuvre dans de nombreux domaines. Par exemple, au XXe siècle, on a exploré et détaillé la structure fine de la matière et des particules élémentaires ou, dans le domaine du vivant, des gènes et de l'ADN. Ces explorations ont tenté, par simplifications successives, de rendre compte du fonctionnement de la nature au moyen d'éléments de plus en plus simples et élémentaires. Elles ont conduit aux développements scientifiques considérables que l'on sait.

Si la démarche de simplification a fait preuve d'une efficacité certaine au fil des siècles, il est bon d'être conscient de ses limites. Quel est l'impact réel d'avoir négligé tel ou tel processus naturel dans notre étude ? Si je sais précisément ce que j'ai négligé, et pourquoi je l'ai fait, je ne sais pas pour autant, par définition, ce qui se serait passé sans ces simplifications. Le passage du complexe au simple est certes à peu près contrôlé et maîtrisé, mais le retour du simple au complexe est lui bien plus problématique. L'objet d'étude conçu dans un isolement artificiel n'a pas forcément à voir avec ce qu'il serait dans son environnement naturel.

Certains auteurs, tel E. Morin dans *La méthode*[49], énoncent ses limites. D'une part, la simplification peut être appauvrissante dans son principe même, le réel étant par nature complexe, et riche de cette complexité. Certains aspects du réel ne sont pas simplifiables. La simplification repose aussi sur le pari que la connaissance d'un objet peut être atteinte par la connaissance de ses parties, elle « *accorde la* vraie *réalité non aux totalités, mais aux éléments, non aux qualités, mais aux mesures, non aux êtres existants, mais aux énoncés formalisables et mathématisables* ». C'est ici ne pas tenir compte des situations où apparaissent des propriétés émergentes : des propriétés qui existent au niveau du tout, mais pas au niveau des parties. Ainsi, « *si l'on constate que les chats sont vivement attirés par les souris, il semble absurde d'en inférer que ce sont les molécules des chats qui sont directement attirées par les molécules des souris* »[50]. Si la science a, pendant des siècles, avancé avec efficacité, E. Morin estime que ces limites, ainsi que d'autres que nous verrons plus loin, ont été atteintes et qu'elles appellent aujourd'hui à un changement radical d'approche.

Il me semble qu'il faut nuancer l'analyse d'E. Morin. La démarche de simplification continue de porter des fruits, et je n'aurais probablement pas pu mener à bien mon travail sans y avoir recours. De plus, si au fil de mon travail, j'ai simplifié un certain nombre d'aspects, négligé des termes, etc., j'ai pu le justifier. Je savais aussi pertinemment que j'avais eu recours à tel jeu d'équations plutôt qu'à tel autre, ou que je n'avais pas tenu compte du vent. De ce fait, je connaissais les limites de mon approche.

Néanmoins, l'analyse de Morin suggère de porter un soin tout particulier à l'utilisation des résultats : obtenus dans un contexte simplifié, leur application à la nature doit être faite avec vigilance. Je crois que je n'avais pas mesuré l'importance de cette question, tant était grande ma confiance dans le pouvoir de la théorie.

Enfin, le problème que j'ai résolu était assez éloigné du problème initial : il mettait en scène un courant idéalisé, circulant au sein d'un océan au repos, sans topographie ni autre effet, sortant d'un détroit. C'est finalement un problème que j'ai *construit* moi-même : la simplification est porteuse de la subjectivité du chercheur. Je reviendrai sur cet aspect un peu plus loin.

Les simplifications accomplies, et le problème stabilisé, posé en des termes précis, il faut lui trouver une solution. Pour ce faire, j'ai eu recours à plusieurs outils : la résolution des équations mathématiques ; le recours à des expériences en bassine d'eau pour vérifier certaines hypothèses ; l'usage de simulations numériques pour en élargir la portée.

Pour résoudre les équations analytiques, je me suis inspiré de méthodes issues d'autres disciplines portant sur des problèmes présentant certaines analogies avec le mien. J'ai aussi eu recours à des méthodes plus classiques que je connaissais déjà. Il faut faire preuve dans ce travail d'une certaine imagination pour chercheur l'outil adéquat, puis d'une capacité à s'approprier l'outil, et de la rigueur pour le mettre en œuvre.

Les mêmes qualités interviennent pour les simulations numériques : il faut de l'imagination pour concevoir la configuration appropriée, puis de la rigueur pour la mettre au point, la programmer, s'assurer que le programme tourne correctement, détecter les nombreuses erreurs que l'on commet inévitablement en programmant, détecter aussi les incohérences, vérifier les résultats, leur accord avec la théorie analytique.

Il en est de même lors de la réalisation des expériences en bassine d'eau.

Mes résultats ont petit à petit convergé et ont montré une certaine cohérence qui est un critère de succès. L'analyse théorique et les premières simulations numériques, ayant été réalisées dans le même contexte « gravité réduite », avec des courants ayant la même allure, ont pu être comparées précisément. Les expériences en bassine d'eau en ont validé certaines hypothèses sous-jacentes. Cette cohérence a été renforcée par l'interprétation physique qui a pu être faite des solutions trouvées : la génération des tourbillons a été interprétée comme nécessaire à équilibrer la force du courant sortant à droite. Tout ceci montre la cohérence de l'ensemble théorique que j'ai échafaudé, et les simulations numériques ont ensuite été étendues à des situations plus variées.

Ainsi, l'usage des différents outils de résolution fait appel à des qualités plus traditionnellement scientifiques sans doute aux yeux du grand public : rigueur, méthode, précision. Pourtant, nous avons vu que l'intuition n'en est pas exclue : il en faut pour trouver la technique qui conviendra, ou pour l'adapter au cas particulier considéré. Malgré tout, à l'inverse de la phase précédente, je ne pense pas que cette part d'intuition introduise de subjectivité dans les résultats de ce travail. La solution est en germe dans le problème posé, dans la physique qui le régit, et le chercheur ne peut pas en obtenir une différente. S'il peut, pourquoi pas, y avoir plusieurs méthodes pour y parvenir, toutes convergeront vers cette solution. En ce sens, cette phase du travail de recherche est objective. Elle dépend peu du chercheur qui la mène.

L'influence du chercheur sur le travail qu'il élabore est de deux types. En premier lieu, en tant que concepteur du problème à résoudre, il a une influence importante sur les types de problème qui seront traités, et donc sur le contenu même de la connaissance qui va être élaborée. En second lieu, il doit résoudre le problème avec suffisamment de rigueur pour que la solution apportée soit fiable.

Ma responsabilité lors de la confrontation de la théorie aux observations

La confrontation aux observations est la deuxième composante importante du travail d'élaboration de la connaissance. La science n'élabore pas des élucubrations abstraites, mais cherche à prévoir ou à rendre compte d'observations : « *Une proposition générale ne peut prétendre au statut d'hypothèse scientifique que dans la mesure où elle est susceptible d'être mise à l'épreuve* »[51]. A priori, la confrontation à la nature peut se faire quantitativement et qualitativement : j'aborderai ces deux points de vue successivement.

Toutes les reformulations et simplifications que j'avais effectuées pour échafauder ma théorie m'avaient conduit à un modèle faisant de nombreuses approximations par rapport à la réalité : courant homogène, reste de l'océan sans mouvement, etc. J'avais conscience qu'on ne puisse attendre d'une telle théorie qu'elle fournisse des résultats quantitatifs précis, comparables aux observations. De ce fait, on considère en général que si de tels résultats sont du même ordre de grandeur que les observations, alors la théorie est valable. « Etre du même ordre de grandeur » est ici une expression vague qui signifie, *grosso modo,* ne pas différer de plus d'un facteur dix. Ainsi, la périodicité de génération des tourbillons prédite par ma théorie (300 jours) était bien du même ordre de grandeur que celle observée (entre 240 et 400 jours).

Le critère de validation de la théorie est donc imprécis. De façon générale, comme la théorie simplifie toujours par rapport à la réalité, il n'y a jamais accord parfait avec les observations. Estimer qu'elle est validée par les observations relève donc pour une part du choix, il y intervient une part de subjectivité, d'irrationalité, qu'a bien relevée Agnieszka Lekka-Kowalik[52] : « *[Les chercheurs] doivent décider quand ils ont suffisamment de preuves pour valider une hypothèse (...). L'hypothèse qu'une substance donnée n'est pas un poison mortel pour un organisme humain requiert des preuves plus sérieuses que l'hypothèse qu'une certaine espèce de fleur pousse uniquement dans les Alpes, précisément parce que le poids moral des conséquences dans le premier cas est plus important* ». La confiance que l'on apporte à telle ou telle preuve relève d'un jugement de valeur, car il y a rarement des certitudes.

La comparaison entre ma théorie et les observations a été, d'autre part, très difficile à mettre en œuvre. Dans mon approche théorique, j'ai mis en scène un courant schématique, qui était par construction homogène, et était caractérisé par une densité (ρ dans les équations) et une épaisseur (h). Pour appliquer mes résultats au courant du Portugal, il me fallait donc déterminer ces grandeurs sur ce dernier. La première difficulté était de définir le courant lui-même : où commençait-il ? Où s'arrêtait-il ? L'océan n'est pas constitué de couches définies par des lignes mathématiques comme dans ma schématisation, mais est un continuum, qui plus est fluctuant dans le temps et l'espace. Considérait-on qu'on était dans le courant quand la vitesse était non nulle ? Mais la vitesse n'est jamais véritablement nulle. Quand la vitesse était supérieure à un certain seuil ? Quel seuil ? La largeur fluctuant dans le temps et l'espace, quelle valeur prendre ? De même, quelle densité fallait-il attribuer à mon courant théorique ? Le courant réel est loin d'être homogène, il y a une variation continue de la densité en son sein.

Pour effectuer tous ces choix, il n'y a pas beaucoup de critères, puisqu'il s'agit de faire correspondre deux objets –le courant théorique et le courant réel- somme toute très différents. Ces choix relevaient donc pour une part de ma subjectivité. La part d'arbitraire me laissait une marge de manœuvre, et je pouvais éventuellement m'arranger pour choisir les observations pour que mes résultats soient bons : il y a là une source de déviance potentielle.

Il ressort de cette analyse que la validation quantitative d'une théorie telle que la mienne est bien difficile. Il me semble que cette situation peut être assez fréquente : pouvoir développer une théorie suppose des simplifications et des aménagements qui éloignent de la nature, et rendent donc difficile une comparaison précise avec elle. Une telle comparaison pourrait se faire en incorporant la théorie dans un ensemble théorique plus vaste, plus complet et donc plus précis. En ce qui me concerne, j'ai amorcé des recherches en ce sens (essentiellement en me basant sur des modèles numériques), mais ne suis pas allé très loin. Mais à partir de mes publications, d'autres chercheurs ont pu s'emparer de ma théorie et la travailler : nous verrons plus loin le rôle que joue ici la communauté scientifique. Ce type de travail est bien évidemment de plus en plus complexe à mesure que l'on affine les détails.

On peut aussi s'interroger sur la possibilité d'une confrontation qualitative entre ma théorie et les observations. A l'époque de mes travaux, j'étais assez partagé je crois. D'un côté, j'avais l'idée, assez commune je pense, que la science rendait compte de la nature. D'un autre côté, je me suis souvent étonné que les principes théoriques relativement simples sur lesquels je m'étais appuyé soient capables de rendre compte de la complexité de la nature : j'avais pu, grâce à une simple équation, expliquer la génération de tourbillons au cap Saint-Vincent.

Ces deux points de vue ne sont pas nouveaux. Certains auteurs comme Leibniz ou Ockham sont convaincus de la simplicité des lois divines régissant la nature, tandis que d'autres, comme Einstein, s'étonnent que la complexité du réel puisse être rendue par des théories : « *Ce qui est incompréhensible, c'est que le monde soit compréhensible* »[53].

Ma théorie proposait une explication physique simple à la formation de tourbillons au sortir des détroits : sans eux, la conservation de la quantité de mouvement ne serait pas satisfaite. Pouvait-on s'assurer que cela fonctionnait bien ainsi dans l'océan ? Qu'un tel mécanisme physique y était bien à l'œuvre ? Il me semble que oui : le fait d'observer des tourbillons dans toutes les circonstances prévues par ma théorie, c'est-à-dire en l'occurrence à chaque détroit, était un bon indice. En cas d'absence de tourbillons, il fallait essayer de comprendre : est-ce que la théorie était incomplète ? Ou est-ce que dans ce cas, un autre mécanisme venait se superposer au premier et l'inhiber ? Ainsi, de proche en proche, la comparaison qualitative de la théorie avec les observations peut permettre de la valider et/ou de l'affiner.

Avec la théorisation, la confrontation aux observations est une composante essentielle du travail de recherche. J'ai montré dans ce paragraphe que la confrontation de mes résultats théoriques au monde réel était loin d'être évidente. Si qualitativement, la comparaison semble faisable, quantitativement, elle ne peut s'accomplir qu'en incorporant la théorie dans un ensemble plus vaste, plus complet… et plus complexe ! De plus, cette comparaison ne relève pas d'une procédure automatique, et le chercheur y exerce une influence certaine. Le contenu de la connaissance est là aussi touché. Il est important que les chercheurs soient conscients de ces difficultés et qu'ils mesurent leur responsabilité.

Approfondissement : un regard épistémologique et sociologique

Les deux paragraphes qui précèdent ont montré l'influence importante du chercheur sur la connaissance qu'il élabore –tant sur son contenu, que sur son niveau d'adéquation avec la nature. Je voudrais dans ce paragraphe approfondir la réflexion sur ces sujets en m'appuyant sur des travaux épistémologiques et sociologiques.

Si le chercheur a une influence directe sur le contenu de la connaissance qu'il met à jour, il est aussi le vecteur d'une autre influence, celle du contexte théorique qu'il mobilise. L'étude du problème ouest à laquelle j'ai procédé s'inscrivait en effet dans un cadre bien défini, celui de la mécanique des fluides océaniques, avec ses équations, ses procédures, ses différentes techniques d'approximation, etc. Il s'agit de ce que T. Kuhn appelle un paradigme[54]. Même si la vision globale de la recherche que propose Kuhn soulève quelques objections, la notion de paradigme qu'il a introduite me paraît utile. Elle a d'ailleurs inspiré de nombreux auteurs, comme I. Lakatos[55] par exemple.

Les paradigmes fournissent aux chercheurs un ensemble d'outils, validés par la communauté scientifique, donc considérés comme fiables et sur lesquels ils peuvent s'appuyer avec confiance. Il y a là un gage d'efficacité certaine : le chercheur, n'ayant plus à se préoccuper de la légitimité de ces outils de base, peut les utiliser pour étudier le monde et son fonctionnement. Le paradigme fournit ainsi un véritable programme de travail aux scientifiques : il permet d'harmoniser leurs activités et d'envisager de nombreuses explorations. Mon propre travail s'est ainsi développé dans un cadre bien délimité, qui me maintenait dans un contexte fiable, océaniquement correct.

Cependant, revers de la médaille, les paradigmes orientent à notre insu notre perception du monde, puisqu'ils nous le font voir à travers une série d'outils prédéfinis. Par exemple, tant que l'on a pensé, dans une conception aristotélicienne de l'univers, que les planètes tournaient autour de la Terre, on a préférentiellement focalisé son attention sur le mouvement des premières, sans se soucier de tenter de déceler ou même de proposer un éventuel mouvement de la dernière. Le travail au sein d'un paradigme oriente la vision des choses, le travail que l'on va accomplir, et donc les réponses que l'on va apporter. Comme l'écrit T. Kuhn lui-même, en temps normal, la science « *semble être une tentative pour forcer la nature à se couler dans la boîte préformée et inflexible que fournit le paradigme* »[56]. Le contexte épistémologique guide le chercheur, et comme tout guide, il comporte deux aspects : il nous aide à nous repérer, à identifier les éléments supposés majeurs du paysage ; mais ce faisant, il nous canalise, nous oriente dans des directions prédéfinies.

J'ai rencontré une situation qui illustre tout cela. Avant que je ne démarre mes travaux de thèse, le comportement d'un courant sortant d'un détroit possédait une solution faisant l'objet d'un consensus au sein de la communauté scientifique : il devait tourner sur sa droite sous l'influence de la force de

Coriolis, sans qu'il ne se produise d'autres phénomènes (situation représentée Figure 7). La communauté scientifique avait donc incorporé ce comportement dans les outils de base du paradigme océanique. Si j'ai pu en percevoir la fausseté, et en quelque sorte m'extraire de ce verrouillage épistémologique, c'est sans doute que j'étais nouveau dans le domaine –c'était mon premier travail de recherche- et n'avais donc pas encore véritablement chaussé les lunettes du paradigme.

Enfin, pour prolonger la réflexion, on peut s'interroger sur la légitimité du contenu d'un paradigme, ou, plus généralement, sur la légitimité de l'assise théorique sur laquelle un scientifique s'appuie pour avancer. Quelle est par exemple la légitimité des équations océaniques dont je me suis servi ? Elles s'appuient sur la théorie newtonienne, qui repose elle-même sur certaines hypothèses qui n'ont pas été sans soulever des controverses. C'est notamment le cas de la force de gravité, force introduite par Newton au XVIIe siècle entre corps massifs, et permettant d'expliquer aussi bien la chute d'une pomme que le mouvement des planètes. Cette force, radicalement nouvelle à l'époque, souleva de nombreuses objections, en particulier en provenance des héritiers de Descartes, pour qui toute action ne peut se faire que par contact. Comment fonctionnait alors la gravité, qui agit à distance ? Cette force paraissait un peu magique à beaucoup. Leibniz (1646-1716) la rejeta de façon assez virulente, la qualifiant de « *propriété scolastique occulte* »[57]. Newton lui-même n'en donnait pas d'explication, mais la légitimait, car elle fournissait de bons résultats. Aujourd'hui, avec la théorie de la relativité, cette force a été supprimée : les objets massifs ne s'attirent plus les uns les autres, mais introduisent des déformations dans l'espace-temps, qui peuvent ensuite être ressenties par les objets y circulant, qu'ils soient massifs ou non.

De façon plus générale, la justification d'un énoncé théorique est un problème complexe qu'avaient déjà identifié les Grecs : sur quoi s'appuyer ? Sur un autre énoncé ? Et comment justifier ce nouvel énoncé ? Pour éviter la régression à l'infini, deux possibilités se présentent[58] : soit poser des postulats –posture rationaliste ; soit s'appuyer sur l'observation

–posture empiriste. On voit bien les limites de la première posture, qui introduit des hypothèses invérifiables dans les théories scientifiques. Quant à la posture empiriste, elle se heurte à un certain nombre de difficultés. La première est que les observations ne sont pas infaillibles. Une observation peut être entachée d'imprécision, d'erreur, c'est assez clair, je crois.

La deuxième difficulté soulevée par la posture empiriste est plus subtile. C'est le fait que les observations sont toujours imprégnées de théorie, ce qui relance la régression à l'infini. En effet : (1) La théorie a permis d'élaborer l'instrument et les concepts au moyen desquels s'est faite et exprimée l'observation, et de ce fait l'oriente. La mesure de la salinité, via la conductivité de l'eau, s'appuie sur un arsenal théorique conséquent. (2) La théorie dirige aussi l'observation. Elle peut faire chercher quelque chose de particulier, comme par exemple un courant similaire à celui de la configuration sud de ma théorie. Inversement, elle peut empêcher de voir des phénomènes qui ne cadrent pas avec la théorie. Ce fut par exemple le cas de l'explosion de la supernova de 1054, largement décrite par les astronomes chinois, mais passées sous silence par les Européens, pour lesquels un tel phénomène était incompatible avec la théorie aristotélicienne ambiante. Comme le dit T. Magnin : « *Pour apporter (en science) une observation de quelque valeur, il faut déjà, au départ, avoir une certaine idée de ce qu'il y a à observer* »[59]. (3) La théorie oriente la façon dont nous interprétons notre perception, comme dans les illusions d'optique. Voir le déplacement du Soleil dans le ciel terrestre conduit naturellement à la conclusion que le Soleil se déplace, et ne peut être conçu comme le fait du déplacement de la Terre que si ce dernier est au minimum envisagé…

Justifier un énoncé théorique est donc loin d'être évident, et les travaux de K. Gödel vont dans le même sens. Il a établi dans les années 1930 « *qu'une théorie suffisante pour faire de l'arithmétique est nécessairement incomplète, au sens où il existe dans cette théorie des énoncés qui ne sont pas démontrables et dont la négation n'est pas non plus démontrable : c'est-à-dire qu'il existe des énoncés que l'on ne pourra jamais déterminer en restant dans le cadre de la théorie »* [60]. Ce théorème, démontré dans le contexte de l'arithmétique, semble suggérer que de façon générale, toute théorie est incomplète et nécessite des postulats.

Si on ne doit pas oublier les considérables avancées que la science a faites depuis sa naissance au XVIIe siècle, ces réflexions nous invitent à prendre un peu de recul. Le travail de recherche se fait dans un contexte bien précis, sur la base de certaines hypothèses plus ou moins implicites. Il utilise les outils jugés les plus fiables du moment, et les résultats obtenus sont pertinents dans ce cadre. Si le scientifique ne peut pas en permanence mettre en question les outils qu'il utilise –sinon, il n'avance plus-, il me semble important qu'il ait conscience des limites de leur utilisation.

Notons enfin que lorsque trop d'incohérences au sein du paradigme en usage s'accumulent, un changement de paradigme (une « révolution scientifique », comme le dit Kuhn, telle la révolution copernicienne) se produit parfois. J'en dirai quelques mots plus loin.

La confrontation entre théorie et observations a également suscité un certain nombre de travaux qu'il me semble intéressant d'évoquer ici.

Les scientifiques élaborent des théories pour expliquer le fonctionnement de la nature. S'il y a accord entre théorie et observations, le but semble atteint, et la théorie validée. Pourtant, pour K. Popper, ce raisonnement est logiquement faux[61]. En effet, une théorie scientifique ne traite pas d'un problème isolé, mais a pour vocation d'être générale, de formuler une loi universelle valable dans tous les cas. Par exemple, la théorie que j'ai développée sur le problème nord ne s'appliquait pas uniquement dans le Golfe du Mexique, mais à tous les courants sortant d'un détroit orienté vers le nord. La validation d'une théorie requiert donc sa confrontation à *tous* les cas concernés ! Cela n'est évidemment en général pas possible : ils peuvent être trop nombreux, inaccessibles, etc. On ne peut donc valider une théorie à l'aide d'observations.

Pourtant, pour Popper, tout espoir n'est pas perdu : si on retourne le problème, on peut chercher à prouver que la théorie est *fausse,* ce qui est beaucoup plus simple puisqu'il suffit alors de trouver *une seule* observation qui la contredise. Si j'observe que, par un détroit russe, le courant sort vers le nord sans produire de tourbillons, ma théorie sera invalidée. De cette analyse, Popper conclut qu'il ne faut pas chercher à valider les théories, mais à les invalider en leur cherchant un contre-exemple. Tant qu'une théorie n'a pas été invalidée, elle doit être considérée comme vraie.

Dans cette perspective, il n'était pas légitime de considérer que ma solution au problème nord était validée par la comparaison aux observations : tout au plus pouvait-on dire qu'elle n'était pas invalidée. Dans le cas du problème sud, j'avais trouvé une solution qui suggérait un comportement particulier (sans tourbillons..) entièrement nouveau, et jamais observé dans l'océan. Pour Karl Popper et le falsificationnisme il fallait la considérer comme valable tant qu'elle n'avait pas été invalidée… et poursuivre les observations de ce genre de situation pour lui chercher un contre-exemple.

L'analyse de Popper met donc a mal la validation des théories par les observations. Elle a pourtant une faille : dans le cas où théorie et observations divergent, il faut selon elle éliminer la théorie. Pourtant, il y a une autre possibilité : que l'observation soit fausse. Pour Pierre Duhem[62], un tel désaccord est en fait le signe qu'il y a un problème quelque part, mais il n'est pas licite de considérer, *a priori,* que c'est dans la théorie. Un travail d'aller-retour entre la théorie et l'observation est alors nécessaire, en espérant arriver à faire converger l'ensemble :

> Un physicien se propose de démontrer l'inexactitude d'une proposition ; pour déduire de cette proposition la prévision d'un phénomène, pour instituer l'expérience qui doit montrer si ce phénomène se produit ou ne se produit pas, pour interpréter les résultats de cette expérience et constater que le phénomène prévu ne s'est pas produit, il ne se borne pas à faire usage de la proposition en litige ; il emploie encore tout un ensemble de théories, admises par lui sans conteste ; la prévision du phénomène dont la non-production doit trancher le débat ne

découle pas de la proposition litigieuse prise isolément, mais de la proposition litigieuse jointe à tout cet ensemble de théories ; si le phénomène prévu ne se produit pas, ce n'est pas la proposition litigieuse seule qui est mise en défaut, c'est tout l'échafaudage théorique dont le physicien a fait usage ; la seule chose que nous apprenne l'expérience, c'est que, parmi toutes les propositions qui ont servi à prévoir ce phénomène et à constater qu'il ne se produisait pas, il y a au moins une erreur ; mais où gît cette erreur, c'est ce qu'elle ne nous dit pas. Le physicien déclare-t-il que cette erreur est précisément contenue dans la proposition qu'il voulait réfuter et non pas ailleurs ? C'est qu'il admet implicitement l'exactitude de toutes les autres propositions dont il a fait usage ; tant vaut cette confiance, tant vaut sa conclusion.

La sociologie des sciences apporte un éclairage intéressant sur l'élaboration de la connaissance.

La sociologie des sciences s'intéresse à la façon dont le monde extérieur à la science peut influencer l'émergence de telle ou telle théorie. Par exemple, les développements importants qu'ont connus les théories statistiques au XIXe siècle en Grande-Bretagne pourraient être associés à l'effervescence suscitée par la théorie de l'évolution, ses conséquences sociales et l'apparition de l'eugénisme[63] ; la recherche nucléaire a grandement bénéficié de la course à la bombe atomique au cours de la Seconde Guerre mondiale[64] ; c'est grâce aux recherches pétrolières conduites dans le Golfe du Mexique que mon collègue américain a obtenu un financement qui lui a permis de se consacrer au « problème nord » avec moi ; ou encore, le développement de ma théorie doit beaucoup à l'opportunité d'avoir effectué un séjour aux Etats-Unis. Cependant, si ces effets extérieurs ont leur impact dans le déclenchement des recherches, il ne me semble pas qu'ils en aient sur la connaissance qui en résulte. Comme je l'ai montré plus haut, ma théorie était contenue en germe dans les équations océaniques, ou plus largement, dans le paradigme océanique en vigueur. Elle aurait donc pu être mise à jour en d'autres circonstances par l'un ou l'autre chercheur.

Le programme fort conduit en particulier par Barry Barnes et David Bloor à partir des années soixante-dix, va plus loin et suggère que, à l'instar de tout être humain, les chercheurs sont influencés par le contexte dans lequel ils travaillent. Ceci concerne par exemple la façon dont les vérités sont établies. Selon le principe de symétrie, « *les scientifiques ne sont pas des êtres à part, des penseurs désintéressés ne prêtant attention à rien d'autre qu'aux faits et à la logique, mais ils font partie de groupements humains qui possèdent leurs normes sociales pour définir ce qui sera considéré vrai : comment une assertion doit être établie, comment les désaccords sont gérés, quels protagonistes sont plus écoutés que d'autres, etc. Ces normes sont bien souvent peu explicites, et prennent plutôt la forme d'habitudes subtiles* »[65]. De fait, on observe parfois (on me l'a rapporté en astrophysique) que, lorsque plusieurs théories sont en concurrence pour expliquer un phénomène, le père de chaque théorie –et ses proches collaborateurs- a tendance à défendre son bébé ! L'affect joue donc, à ce moment, un rôle important, y compris quand les observations commencent à faire pencher la balance vers une théorie rivale : il est difficile d'abandonner une théorie que l'on a créée ou que l'on a défendue pendant des années. Pourtant, les choses finissent bien souvent par se calmer : les années passent, les générations changent, l'affect perd de son emprise, et la théorie la plus pertinente finit par s'imposer.

Il me semble ainsi difficile de réduire la genèse des théories au fait social. Je dirai ainsi avec J.-J. Salomon que « *si le contexte social peut éclairer cette genèse, il n'en explique pas pour autant les voies* »[66]. Il peut ainsi la favoriser (la recherche nucléaire durant la Seconde Guerre mondiale) ou au contraire la restreindre, mais ne peut pas *à long terme* en expliquer le contenu. Au-delà de ce débat, ce qui m'importe avant tout, c'est de montrer l'existence de ces facteurs : à court terme, les choix des chercheurs ne se font pas toujours uniquement sur des critères rationnels et choisis, mais aussi sous l'influence d'éléments extérieurs, qu'ils ignorent parfois, et dont il vaut mieux avoir conscience.

Bilan sur la responsabilité du chercheur élaborant la connaissance

Que tirer de ces analyses quant à la responsabilité des scientifiques dans l'élaboration de la connaissance ?

Contrairement à ce que proposent des auteurs comme Klaus M. Meyer-Abich dont j'ai parlé plus haut, le travail du scientifique ne consiste pas à « *mettre à jour les lois de la nature* », c'est-à-dire à dévoiler des lois préexistantes. Les chercheurs ont une démarche de *construction, d'élaboration.* Le travail d'objectivation scientifique ne s'affranchit alors pas si aisément de la subjectivité du chercheur, qui possède ainsi une part de responsabilité dans la connaissance qu'il élabore. De plus, la théorie que j'ai développée n'était pas contenue dans la nature, mais dans le paradigme océanique. Tout chercheur a une part de responsabilité en l'utilisant, et la communauté scientifique en l'ayant adopté.

Par ailleurs, l'ambition d'élaborer des théories scientifiques objectives est louable, mais il faut être conscient de ses limites : j'ai montré les difficultés à comparer ma théorie avec les observations, la part de subjectivité qui y intervient. L'épistémologie montre également que toute théorie repose sur une part d'hypothèse –donc de subjectivité. La sociologie montre aussi les influences non-scientifiques auxquelles les chercheurs peuvent être soumis, et la vigilance particulière qu'ils doivent donc avoir à leur égard.

Enfin, l'histoire des sciences s'est chargée de nous montrer que les théories étaient faillibles –on n'atteint donc jamais « les lois de la nature », ni des lois objectives.

Revenons maintenant à la réflexion d'A. Goldman dans son article consacré à l'éthique professionnelle[67]. Comme tout professionnel, le chercheur doit bien faire son travail. Or, les paragraphes qui précèdent laissent supposer que la conduite de ses recherches place le scientifique au carrefour d'un certain nombre de tensions qui viennent compliquer sa tâche. Je voudrais les examiner maintenant.

Une tension surgit du fait que bien mener un travail de recherche semble extrêmement difficile à définir. La théorie que j'ai élaborée résulte d'un processus de simplifications qui, s'il est entièrement maîtrisé car conduit avec soin, ne m'en a pas moins éloigné assez loin de la réalité. Le retour vers la complexité de la nature pose des difficultés. La validation par les observations est délicate. De façon plus générale, l'épistémologie conduit aux mêmes conclusions, et montre qu'il n'existe pas de méthode scientifique infaillible. La sociologie énonce également un certain nombre d'influences auxquelles il faut prendre garde. Paul Feyerabend en conclut que, en matière de méthodologie scientifique, « *tout est bon* ». Son livre, *Contre la méthode*[68], est un contrepied au *Discours de la méthode* de Descartes. « *Tout est bon* » signifie qu'aucune règle méthodologique ne peut être proposée pour décrire la façon dont la science fonctionne ou devrait fonctionner. Il n'y pas une règle qui n'ait été un jour violée en science.

Mais au-delà du *constat* que « *tout est bon* », Feyerabend considère qu'il est *nécessaire* d'adopter cette position. Il ne s'agit pas d'un jugement uniquement descriptif, mais également d'un jugement prescriptif. Le monde complexe dans lequel nous vivons réclame des procédures complexes pour l'aborder, et « *défie une analyse fondée sur des règles établies à l'avance* ». Il considère aussi que l'adoption de principes trop consensuels et acquérant un caractère inamovible, tels les paradigmes de Kuhn, est nuisible au véritable progrès. Les scientifiques finissent, inconsciemment, par ne plus même penser à les remettre en question, alors que les violations des principes méthodologiques sont utiles, car elles permettent la remise en question, le questionnement, la critique, et favorisent par là même le progrès.

Ces considérations sont sans doute un peu outrées. Il y a tout de même des méthodes qui fonctionnent un peu mieux que d'autres : pour aller à Paris, il vaut mieux suivre les panneaux indiquant Paris plutôt que Brest ! Ces remarques nous invitent néanmoins à porter sur le travail de recherche un regard plus lucide. Elles incitent à la vigilance, et à se méfier des voies toutes tracées : l'innovation passe nécessairement par la sortie des sentiers battus.

S'il n'y a pas de méthode scientifique avérée, cela n'en dispense pas moins le chercheur de la responsabilité de bien faire son travail. Le chercheur avance à l'intuition, en navigant en permanence entre imagination, rigueur, intégrité, etc.. Comme le note M. Weber, l'inspiration est un moteur dont on ne connait pas très bien le fonctionnement, mais qui est stimulé par la maîtrise des aspects méthodiques du travail de recherche[69]. Le chercheur doit rester vigilant, et garder à l'esprit qu'il y a toujours une faille possible, que cela soit dans les hypothèses qui ne manquent pas de sous-tendre les théories, dans les difficultés à comparer les résultats avec les observations, etc.

Le travail de recherche est ainsi un travail lent, jalonné d'impasses, d'essais infructueux. Il faut toujours rester humble face à ces difficultés, rigoureux dans la vérification des théories que l'on avance, minutieux dans la préparation d'une simulation numérique ou d'une expérience, honnête dans la validation ou non des résultats. D. Resnik[70] développe un certain nombre de valeurs morales que le chercheur devrait mettre en œuvre pour mener ses travaux correctement : honnêteté, attention, ouverture, etc. On peut aussi évoquer l'ICSU[71] *: « Tous les scientifiques ont la responsabilité de veiller à effectuer leur travail avec honnêteté et intégrité, à décrire leurs méthodes et résultats avec précision (...). De plus, on attend des scientifiques qu'ils soient impartiaux et justes dans l'évaluation tant de leur propre travail que de celui de leurs collègues ; et qu'ils soient respectueux et prévenants, particulièrement quand des sujets humains ou des animaux sont impliqués, ou quand leur travail peut avoir un effet nuisible sur l'environnement ».* Toutes ces qualités supposent énormément de patience. Il s'est ainsi écoulé plus d'un an entre le début de mes recherches et la formulation du problème nord, puis à nouveau plus d'un an pour le résoudre entièrement.

Ces qualités, cette nécessaire patience, peuvent entrer en tension avec un certain nombre d'éléments, qui se ramènent

tous plus ou moins à l'envie d'aboutir, de trouver. Ces éléments sont : (1) la satisfaction personnelle. Lorsqu'on est chercheur, c'est tout de même pour trouver. J'ai montré la passion qui peut nous prendre face à un problème et sa recherche de solution. (2) La quête de prestige, l'*aura* qui peut entourer celui qui produit des résultats, qui fait avancer la science. (3) Le besoin d'avancement. Comme dans tout métier, ceux qui produisent des résultats ont plus de chance de trouver de bons postes. (4) La quête de financement. Un chercheur qui trouve est un chercheur qui gagne la confiance des bailleurs de fonds et qui ainsi obtient plus de fonds pour ses travaux. (5) Une certaine pression à la publication, qui est en partie la conséquence des éléments précédents, car les publications d'un chercheur deviennent un moyen d'évaluer ses performances. Je reviendrai sur ce point un peu plus loin.

Ces différents éléments sont exacerbés par la mondialisation. La recherche est une compétition internationale, et comme souvent dans ce cas, gagner la compétition prend le pas sur toute autre considération. Par exemple, un chercheur hésitera à se mettre des limites éthiques s'il se dit que son rival travaillant à l'autre bout de la planète n'aura pas les mêmes.

De ces tensions, il peut résulter des dérapages de deux types : volontaires, ou involontaires.

Certains chercheurs cèdent à la pression, comme le Professeur Hwang que j'ai évoqué plus haut. Il s'agit là de fraudes volontaires, faites sciemment dans un but personnel. Il y a, comme partout, des tricheurs dans le monde de la recherche… Cette triche peut prendre des formes plus subtiles. Elle peut consister à ne tenir compte que des configurations qui marchent, c'est-à-dire dans lesquelles théorie avancée, expériences numériques, observations concordent parfaitement, en omettant celles qui ne marchent pas. C'est ce que, selon R.A. Fischer[72], Mendel aurait fait dans la publication en 1866 de ses résultats sur les lois de l'hérédité étudiée à partir de croisements de petits pois. La triche peut aussi prendre la forme du plagiat, lorsqu'un chercheur publie des résultats qu'il a « empruntés » à un autre…

Face à ce type de fraude, toutes les velléités d'introduction de l'éthique dans la recherche ne pourront rien... C'est sans doute un élément qui alimente la frilosité fréquemment rencontrée chez les scientifiques face à l'éthique. K. Evers relève ainsi que : « *L'introduction de l'éthique en science est un sujet continuel de controverse. Tous les scientifiques ne voient pas d'un bon œil ce –relativement- nouveau venu sur scène (même si certains le considère comme un compagnon de marche depuis longtemps)* ». Pour beaucoup de scientifiques, la conduite des recherches serait évidente : « *Les scientifiques n'ont pas besoin de se lancer dans des débats philosophico-éthiques pour savoir qu'ils ne devraient pas fabriquer ou falsifier des données* », ou encore « *En tant que membres de la société, les scientifiques sont bien sûr confrontés à des questions éthiques. Mais en tant que membres de la communauté scientifique, ils n'ont pas à aborder de telles questions. Ils doivent suivre des normes éthiques, bien sûr, mais ces normes sont évidentes* », comme le rapporte également D. Resnik[73].

Un deuxième type de dérapage peut survenir de façon beaucoup plus involontaire. J'ai montré que dans certaines circonstances, j'avais pu avoir des manquements, ou des tentations de manquement, dans la conduite de mes travaux. Ainsi, la comparaison des résultats prédits par ma théorie avec les observations dans le Golfe du Mexique, s'est faite de façon assez superficielle. Ce n'était pas vraiment volontaire : je n'avais pas l'intention de produire des résultats faux. Il s'agissait plutôt d'une trop grande confiance dans la théorie que j'avais élaborée, provenant d'une mauvaise connaissance des limites de la démarche scientifique. La recherche est certainement parcourue de nombreux épisodes de ce type, où le chercheur commet des erreurs par ignorance et manque de vigilance, mais sans véritable intention de tromper.

Si les dérapages volontaires ne peuvent, par définition, pas être évités par des actions de prévention, les dérapages involontaires le pourront certainement par une démarche de sensibilisation sur laquelle il nous faudra réfléchir.

Un questionnement sur la liberté des chercheurs

Il est important d'aborder un autre thème qui est lui aussi au cœur d'un certain nombre de tensions : la question de la liberté des chercheurs dans cette phase d'élaboration de la connaissance.

Pour un certain nombre de raisons, la liberté dans la conduite des recherches est nécessaire à des résultats de qualité.

L'accès à la connaissance est essentiel à la démarche de recherche, et il suppose la liberté : liberté de lire les publications scientifiques, ce qui suppose par exemple qu'il n'y ait pas de censure ; liberté de ses mouvements, pour se rendre à des colloques, parfois à l'autre bout du monde ; liberté de critiquer les savoirs acquis, dont j'ai expliqué plus haut l'importance.

La liberté est nécessaire également à l'établissement des théories. Des résultats dictés de l'extérieur ne sont, par définition, pas scientifiques, car ne reposant pas sur des preuves. Ce point de vue a été élaboré à la Révolution scientifique et a contribué à élaborer la démarche de recherche telle que nous la connaissons aujourd'hui. Citons ainsi Galilée, qui eut bien des démêlés avec l'Eglise au début du XVIIe siècle : une intervention sur les scientifiques « *reviendrait à leur donner l'ordre de ne pas voir ce qu'ils voient, de ne pas comprendre ce qu'ils comprennent, et lorsqu'ils cherchent, de trouver le contraire de ce qu'ils rencontrent* », car

> sur ces propositions et sur d'autres semblables qui ne sont pas directement *de fide*, personne ne doute que le Souverain pontife a toujours le pouvoir absolu de les admettre ou de les condamner ; mais il n'est au pouvoir d'aucune créature de faire qu'elles soient vraies ou fausses autrement qu'elles peuvent l'être par leur nature et *de facto*[74].

Enfin, j'ai montré que la liberté dans la conduite des recherches était également indispensable à la créativité, et c'est ce que confirme par exemple D. Resnik[75] : un chercheur dont on oriente trop le travail a moins la possibilité de laisser libre cours à son imagination, d'explorer des voies imprévues. Enfin, le processus de contrôle par les pairs requiert la liberté de publier.

La liberté dont il est question ici est celle que j'ai appelée au chapitre précédent liberté positive, c'est-à-dire la capacité à faire des choix. Les différents aspects que j'ai décrits ont tous pour objectif de permettre au chercheur d'exercer au mieux son activité.

La liberté positive peut rencontrer des obstacles. La liberté d'accès à la connaissance, la liberté de critiquer, et la liberté de publier, peuvent être restreintes par exemple sous les régimes totalitaires. L'affaire Lyssenko est une bonne illustration des dérives qui peuvent se produire lorsque la science est asservie. Lyssenko, généticien soviétique de l'ère stalinienne, prônait l'héritabilité des caractères acquis, contrairement aux théories dominantes de Mendel et Morgan en Occident. Promettant de pouvoir adapter toutes sortes de plantes aux climats rigoureux de Sibérie, et donc de résoudre le problème alimentaire soviétique, Lyssenko s'est, dès les années trente, attiré les faveurs de Staline. Bientôt, seuls les travaux allant dans le sens de l'héritabilité eurent droit de cité, et les tenants de Mendel et Morgan ont été mis au ban de la communauté des biologistes soviétiques. Cet état de fait a duré plusieurs décennies, et ce n'est qu'après la chute de Khrouchtchev qu'une commission d'enquête sérieuse a révélé les supercheries de Lyssenko, réhabilité ses opposants, et constaté le retard pris par toute la biologie soviétique...

D'autres situations peuvent conduire à une restriction de ces libertés, comme par exemple un conflit d'intérêts au sein d'une entreprise (ne pas critiquer les avancées faites au sein de l'entreprise, ne pas critiquer des chercheurs partenaires, etc.). Enfin, ces libertés nécessitent aussi pour s'exercer un minimum de ressources financières : achat de livres, abonnement à des revues scientifiques, frais de déplacement, etc.

La liberté de mener ses recherches correctement peut être elle aussi restreinte par les contraintes financières, qui pèsent à différents niveaux. Elles pèsent sur les instruments nécessaires à la collecte de données tout d'abord. Ces contraintes sont d'autant plus grandes que ces instruments sont dans bien des disciplines de plus en plus onéreux à mesure que la science progresse : satellite d'observation des océans, télescope spatial, accélérateur de particules, etc. L'augmentation des coûts est provoquée d'une part par les progrès de la technique, qui permettent de fabriquer des instruments de plus en plus sophistiqués ; et d'autre part par les progrès de la connaissance, qui conduisent à investiguer des domaines toujours plus pointus. Les contraintes financières pèsent aussi sur les moyens de calcul pour les simulations numériques. Gagner en précision ou en sophistication dans les calculs passe par l'augmentation de la puissance des ordinateurs qui, si l'on veut rester à la pointe du progrès, sont très onéreux. Au début des années 2000, le calculateur Nymphea a été acquis en commun par une dizaine d'organismes brestois (Ifremer, Shom, Université, etc.) pour des calculs dédiés à l'océanographie, et a coûté 1,5 million d'euros.

La créativité des chercheurs peut aussi être bridée si leurs objectifs sont fixés de façon trop contraignante, que cela soit dans le cadre d'un organisme à vocation finalisée (entreprise, laboratoire militaire, etc.) ou que cela soit par l'intermédiaire de financements par appels d'offres. Elle peut aussi être bridée si leurs recherches conduisent à des résultats qui pourraient être contraires aux intérêts de l'employeur ou de ses alliés (des chercheurs d'une industrie pharmaceutique qui concluraient à la nocivité d'une molécule produite par leur société).

Une autre limite à la liberté des chercheurs peut provenir d'éventuelles limitations directes à l'expérimentation. Certains protocoles expérimentaux peuvent en effet faire courir des risques aux populations, à l'environnement, etc. Pensons par exemple aux expériences nucléaires ou aux plantes transgéniques. La société, potentiellement menacée par des expérimentations, a son mot à dire pour les autoriser ou les interdire.

Un examen attentif montre que toutes ces contraintes concernent en fait la liberté négative des chercheurs. Ce sont des obstacles, des restrictions. De ce fait, comme je l'ai montré plus haut, ils ne sont pas complètement contradictoires avec le besoin de liberté positive. Il est souvent possible, au moins théoriquement, de concilier les deux. Parfois pourtant, dans la pratique, cela n'est pas possible. Ainsi, les financements ne sont pas illimités, et ils sont de surcroit attribués par des tiers. Ainsi aussi, l'interdiction de réaliser des expériences jugées dangereuses constitue également un obstacle légitime, comme peuvent l'être des clauses de confidentialité restreignant les publications dans certains organismes de recherche. Le chercheur doit alors composer avec ces restrictions.

Certains obstacles peuvent entraver directement la liberté positive du chercheur. Ils sont, de ce fait, plus graves à mes yeux, car ils restreignent de façon directe l'avancement de la connaissance. Etant constitutifs de la démarche scientifique, on ne peut véritablement composer avec eux. Ainsi, nous avons vu que le contexte épistémologique oriente les chercheurs dans des directions prédéfinies. Ainsi aussi, la sociologie des sciences a mis en lumière les nombreux facteurs sociaux qui ont une influence sur les chercheurs et sur la façon dont ils mènent leur travail[76].

Ces facteurs limitent la liberté positive des chercheurs, bien souvent à leur insu. Les choix des chercheurs ne se font pas uniquement sur des critères rationnels et choisis, mais aussi sous l'influence d'éléments qu'ils ignorent parfois et qui restreignent leur liberté positive. En avoir conscience est certainement un bon moyen de s'en affranchir un minimum.

Le rôle de la communauté scientifique, et ses propres tensions éthiques

Des parties précédentes, il ressort que l'élaboration de la connaissance est un chemin semé d'embûches, et que la porte est ouverte à pas mal d'interprétations, de subjectivité, voire de dérive. Face à ces difficultés, la communauté scientifique – l'ensemble des chercheurs- joue un rôle précieux que nous allons maintenant examiner. Mon point d'ancrage restant le chercheur, je ne rentrerai pas trop dans les détails, et n'évoquerai que les aspects ayant un impact direct sur lui et sur la connaissance qu'il élabore. Ce paragraphe sera aussi l'occasion de donner quelques idées de la façon dont la recherche est organisée.

La communauté scientifique fournit le cadre dans lequel chaque chercheur travaille. Elle lui fournit les outils, les savoirs accumulés, les paradigmes, afin qu'il puisse s'appuyer dessus pour mener ses propres recherches. La science avançant de façon cumulative, la masse de connaissances à ingurgiter en préalable à tous travaux de recherche est considérable, ce qui a conduit à scinder les champs de connaissances en disciplines, chaque discipline scientifique étant elle-même scindée en de nombreuses sous-disciplines, spécialités. Ainsi, en océanographie physique, il y a les spécialistes des vagues, les spécialistes des marées, les spécialistes des tourbillons, les spécialistes de la glace de mer… Si ces domaines sont, tous, plus ou moins abordés en Master, on est, dès le doctorat, très vite cantonné à l'un d'eux.

Les organismes de recherche se sont eux-mêmes organisés en suivant ce principe. Le Cnrs, par exemple, est composé de dix instituts, regroupant chacun un certain nombre de thématiques scientifiques. L'océanographie physique fait ainsi partie de l'Institut national des sciences de l'univers, qui regroupe également géologie, géophysique, climatologie, hydrologie, volcanologie, sismologie, environnement, planétologie, astronomie, astrophysique…[*]

Cette organisation générale possède un certain nombre d'avantages, comme ceux de la division du travail par exemple, et a montré une efficacité certaine. Les progrès accomplis par la science depuis la Révolution scientifique plaident en sa faveur –

[*] Les autres instituts sont : Institut des sciences biologiques ; institut de chimie ; institut écologie et environnement ; institut des sciences humaines et sociales ; institut des sciences informatiques et de leurs interactions ; institut des sciences de l'ingénierie et des systèmes ; institut national des sciences mathématiques et de leurs interactions ; institut de physique ; l'institut national de physique nucléaire et de physique des particules. On en trouvera les thématiques en suivant le lien : http://www.cnrs.fr/fr/organisme/instituts.htm.

même si elle n'en est certainement pas la seule cause. Pourtant, certains auteurs s'élèvent contre cette approche. Ainsi, pour E. Morin[77], elle conduit à un cloisonnement et un morcellement du savoir, à une disjonction entre les sciences de la nature et les sciences de l'homme, à une accumulation sans réflexion du savoir. Je reviendrai sur ces thèmes plus loin. La communauté scientifique possède donc le même genre de faille dans son approche que les scientifiques eux-mêmes. Elle reproduit à grande échelle la démarche de simplification que j'ai suivie pour mes propres recherches. Le réductionnisme au niveau individuel se retrouve au niveau collectif dans cette spécialisation des chercheurs.

La sociologie des sciences, en étudiant comment les chercheurs travaillent, montre l'influence parfois non-scientifique que la communauté scientifique peut avoir sur eux[78]. Les chercheurs travaillent dans des laboratoires, fréquentent tels ou tels collègues ; ils assistent à des séminaires, des colloques, des conférences, présentent leurs propres travaux ; l'ampleur prise par les projets de recherche les conduit à s'associer ; ils diffusent leurs résultats auprès de leurs collègues, tant pour le partage des connaissances que pour leur validation ; ils doivent faire carrière, trouver des postes, progresser dans les responsabilités, toutes choses qui requièrent de se faire connaître et reconnaître. Ces multiples interactions influent sur la façon dont leurs idées vont mûrir, se mettre en forme, changer ; sur les thématiques qu'ils vont aborder, poursuivre, abandonner ; sur la façon dont ils se positionneront lors de controverses scientifiques, en suivant des critères pas toujours rationnels, car parfois liés à des enjeux de pouvoir, à des rapports de force. J'en donne ci-après quelques exemples dont j'ai été témoin.

Pour son avancement, le chercheur voit son travail évalué par une commission de spécialistes –ses pairs donc- capables de juger la qualité de son travail ; pour ses demandes de financements, c'est son projet de recherche qui est évalué, par une autre commission de spécialistes ; pour ses demandes de postes, c'est une troisième commission de spécialistes ; pour ses bourses de thèse, une quatrième commission ; pour ses propositions de sujet de stage, c'est le responsable de la formation doctorale qui entre en scène. Ainsi, beaucoup d'aspects de la vie du chercheur passent par une interaction avec ses pairs, qui sont aussi des êtres humains, sujets à des rancœurs, des animosités, des jalousies, ou au contraire à de la bienveillance, de la préférence, toutes réactions émotionnelles qui les éloignent parfois de la rigueur scientifique, de l'objectivité dans le jugement. De ce fait, les chercheurs se tiennent un peu par la barbichette. Il en résulte des attitudes parfois anti-scientifiques, tant du côté du demandeur (pour faire avancer la demande, on s'arrange pour se faire bien voir de tel ou tel personnage influent) que du décideur (dont le pouvoir le conduit parfois à des débordements).

En aval de l'élaboration de la connaissance, la communauté scientifique joue également un rôle important. J'ai indiqué plus haut que mes résultats avaient donné lieu à un certain nombre de communications scientifiques, que cela soit à l'occasion de colloques, ou par des publications dans des revues spécialisées. Au-delà de diffuser les résultats et de faire ainsi bénéficier de la connaissance acquise au plus grand nombre, la communication scientifique possède un rôle majeur : elle permet la vérification des travaux par d'autres chercheurs.

On peut trouver l'origine de ce processus à la Révolution scientifique[79]. Bacon avait déjà suggéré que les scientifiques forment des associations destinées à discuter leurs observations, leurs hypothèses, leurs théories. La création des Académies répondait à cette idée (Royal Society, 1660 ; Académie des sciences, 1666). Plus tard, elles se sont mises à publier des revues, et petit à petit, le système s'est organisé. Comme l'a remarqué le sociologue Merton dès 1942[80], cet aspect des choses (auquel il donne le nom de « communalisme ») est véritablement institutionnalisé au sein de la communauté scientifique et constitue un élément original de son fonctionnement.

Le rôle de la publication dans la diffusion de la connaissance au sein de la communauté scientifique est majeur. J'ai déjà expliqué son fonctionnement. Il permet de nombreux contrôles : en premier lieu par les relecteurs mandatés par la revue, qui évaluent la qualité de l'article avant d'autoriser sa publication. En second lieu, par l'ensemble de la communauté scientifique qui y a alors accès. Le mode de rédaction de l'article est tel qu'il doit permettre à quiconque de reproduire l'ensemble de la démarche suivie par l'auteur. Les détails des procédures, des calculs, des modalités expérimentales, des paramètres utilisés dans les simulations numériques, etc. doivent être mentionnés. Une troisième forme de contrôle prend place quand la connaissance élaborée par un individu peut être employée par d'autres : la théorie développée peut être appliquée dans des configurations différentes, dans des modèles plus complexes, ce qui permet indirectement sa validation –ou son infirmation si des contradictions sont relevées.

La connaissance ainsi établie par un individu, imprégnée éventuellement de sa subjectivité, de ses faiblesses, de ses dérapages, acquiert ainsi petit à petit la reconnaissance par les pairs, et peut ainsi progresser vers plus de certitude et d'objectivité. Ce rôle joué par la communauté scientifique est une des forces de l'organisation de la recherche. Comme l'écrit E. Morin, « *Le scientifique n'est pas un homme supérieur, désintéressé, par rapport à ses concitoyens. Il a les mêmes petitesses, la même propension à l'erreur, mais c'est le jeu qu'il joue, le jeu scientifique de la vérité et de l'erreur qui, lui, est supérieur dans un univers idéologique, religieux, politique où ce jeu est faussé* »[81]. La connaissance acquiert alors une validation plus vaste que caractérise ainsi K. Popper : « *Je dirai donc que* l'objectivité *des énoncés scientifiques réside dans le fait qu'ils peuvent être intersubjectivement* soumis *à des tests* »[82].

On peut voir l'importance de ce jeu scientifique en creux de l'affaire Lyssenko dont j'ai déjà parlé. Elle illustre combien une science repliée sur elle-même, où seuls quelques scientifiques ont le droit de publier, où la critique est bloquée, peut stagner. Un tel problème peut se poser, certes à plus petite échelle, dans une institution de recherche qui souhaite conserver un certain secret : pensons par exemple à une entreprise privée qui voudrait conserver son avance sur ses concurrentes, ou à un organisme militaire qui voudrait protéger ses résultats. En ce qui me concerne, le Cmo nous encourageait à la publication, et je n'ai pas rencontré de problème de ce côté-là.

Dans son livre, *De l'éthique de la discussion*[83], J. Habermas cherche à fonder une « éthique » -en réalité, comme il le spécifie lui-même, une morale avec son jeu de normes- qui soit valide de façon universelle. Sa réflexion me semble utile dans mon questionnement sur le rôle de la communauté scientifique dans la validation des théories scientifiques : réfléchir aux moyens d'atteindre des vérités morales peut éclairer sur les moyens d'atteindre des vérités scientifiques. De plus, Habermas propose une approche basée sur la *discussion* : il y a donc, d'entrée de jeu, un parallèle avec la façon dont les résultats scientifiques sont *discutés* au sein de la communauté scientifique.

Pour Habermas, la discussion entre individus permet de construire des vérités universelles, car chacun doit y argumenter sa position. Or, « *(...) les argumentations dépassent* per se *les mondes de la vie individuels et particuliers ; dans leurs présuppositions pragmatiques, le contenu normatif des présuppositions de l'agir communicationnel est universalisé ».* En effet, « *la discussion pratique se conçoit comme un procès d'intercompréhension qui, d'après sa forme même, c'est-à-dire en raison d'inévitables et universelles présuppositions d'argumentation, exhorte simultanément tous les participants en même temps à une adoption idéale de rôle »*[84]. Ainsi, à partir de la perspective de chacun se construit un universel pragmatique.

Cette procédure est mise en œuvre avec efficience par exemple dans les comités d'éthique tel le Comité consultatif national d'éthique pour les sciences de la vie et de la santé créé en France en 1983 –j'en reparlerai. Dans le domaine scientifique, l'institutionnalisation de la diffusion des résultats scientifiques qui a été instaurée en permet la discussion argumentée, selon une procédure qui me semble proche de celle proposée par J. Habermas. Elle permettrait donc de construire un universel à partir des singuliers, en d'autres termes elle permettrait de pallier bien des difficultés mises en lumière plus haut. Elle trouve donc là une assise théorique certaine –dont nous allons voir les limites malgré tout.

Si la communauté scientifique joue donc un rôle de garde-fou indéniable, il faut avoir conscience de ses limites. L'histoire des sciences montre que des théories validées un temps peuvent être contredites, parfois bien plus tard. C'est le cas par exemple de la théorie de la gravitation universelle énoncée par Newton à la fin du XVIIe siècle, et remplacée par la théorie de la relativité générale d'Einstein au début du XXe.

Comme je l'ai évoqué plus haut, Popper suggérait déjà qu'il ne pouvait en être autrement : les théories ne pouvant pas être prouvées universellement, celles que l'on conserve sont celles qui résistent aux contre-exemples… jusqu'à ce qu'elles soient infirmées[85]. La vision de Kuhn, un peu différente, va sur ce point dans le même sens : les théories sont produites et évaluées dans le cadre du paradigme en vigueur, qui lui-même est susceptible de changer lors des révolutions scientifiques. Ces deux auteurs s'accordent donc bien sur le fait que les théories, même validées par la communauté scientifique, sont faillibles, et vouées à être remises en cause tôt ou tard.

Notons également que, si la communauté scientifique peut pallier certaines défaillances de chercheurs individuels par un contrôle intersubjectif, il y en a auxquelles elle ne peut rien. Par exemple, les difficultés que j'ai évoquées concernant la validation de ma théorie sont intrinsèques, elles proviennent du décalage entre la réalité et une modélisation théorique issue de simplifications qui l'en éloignent de façon irréductible. C'est sans doute cette confrontation à la nature qu'implique la démarche scientifique qui ne permet pas un parallèle complet avec l'éthique de la discussion d'Habermas, qui concerne le seul domaine des valeurs.

Enfin, si la discussion permet selon Habermas d'atteindre un certain universel, cet universel demeure un universel *humain*. C'est vrai en éthique -les valeurs qu'élaborent les discussions entre humains sont des valeurs pour les humains-, et c'est vrai pour les connaissances scientifiques : si elles s'affranchissent du singulier, elles ne pourront pas dépasser, en termes d'universalité, notre humanité.

Ces considérations m'amènent à une dernière question : qu'est-ce qui, dans une théorie, la fait considérer comme plus pertinente qu'une autre ?

Ce questionnement se situe au cœur d'un paradoxe. J'ai montré la fragilité de la connaissance que j'ai élaborée et, de façon plus générale, l'impossibilité de prouver complètement les théories scientifiques. Pourtant, il semble que la science a accompli des percées importantes dans l'exploration du fonctionnement de la nature depuis qu'elle est née sous sa forme actuelle, c'est-à-dire depuis la Renaissance et la Révolution scientifique.

J'apporterai quelques éclairages à ce paradoxe, en m'appuyant sur A. Chalmers[86], qui distingue deux positions extrêmes sur la science : la position rationaliste et la position relativiste.

Pour les rationalistes, il existerait des critères « *simples, éternels, universels permettant d'évaluer les mérites comparés de théories rivales* ». Il y a différentes formes de rationalismes, et je reprendrai l'exemple de Popper[87] pour l'illustrer.

Nous avons vu que, pour Popper, une théorie reste valable tant qu'elle n'a pas été contredite par une observation. Cela fournit un critère pour définir une théorie scientifique : c'est une théorie qui est formulée de sorte qu'elle puisse effectivement, le cas échéant, être contredite par un seul contre-exemple. C'est ce que Popper appelle une formulation *falsifiable*. Ainsi (1) « tous les cygnes sont blancs » est une théorie scientifique (la proposition peut être infirmée en voyant un seul cygne d'une autre couleur), alors que (2) « il y a des cygnes blancs » n'en est pas une (la proposition ne peut pas être infirmée en voyant un seul cygne, qu'il soit blanc ou d'une autre couleur).

De cette première déduction, Popper en tire une seconde : une théorie nous en apprend d'autant plus sur le monde qu'elle est falsifiable, car plus une théorie énonce d'assertions, plus nombreuses seront les occasions de lui trouver un contre-exemple. On voit ainsi que (1) nous fournit plus d'informations précises que (2).

Pour Popper, la science progresse alors continûment par « sélection naturelle » : les théories qui sont contredites par un contre-exemple sont naturellement éliminées, tandis que survivent les théories les meilleures, couvrant un domaine de plus en plus vaste.

Pourtant, la position de Popper possède des limites que j'ai déjà suggérées. En particulier, si dans la logique popperienne, une simple observation suffit à éliminer une théorie, dans la pratique, les choses ne sont pas si simples : et si c'était l'observation qui était fausse ? Historiquement, d'ailleurs, il existe maints exemples de cas où on a conservé une théorie malgré l'existence d'observation contradictoire –la trajectoire de Mercure, par exemple, n'a jamais pu être expliquée dans le cadre newtonien, mais seulement par la théorie de la relativité. Ces limitations à la théorie popperienne jettent de l'ombre sur sa capacité à rendre compte du processus de sélection d'une théorie.

La position relativiste est très différente. « *Le relativiste nie l'existence d'une norme de rationalité universelle, anhistorique, qui permettrait de juger qu'une théorie est meilleure qu'une autre. Ce qui est jugé meilleur ou pire (...) varie d'un individu à l'autre ou d'une communauté à l'autre* ». Un tenant célèbre de cette position est par exemple Protagoras, pour qui « *l'homme est la mesure de toute chose* ». La vision de la recherche que propose Kuhn[88] peut également être considérée comme relativiste, et je la prendrai comme exemple.

Pour Kuhn, la science progresse en enchaînant deux types de phases : des phases de « science normale », et des phases de « révolution ».

Durant une phase de science normale, les chercheurs explorent le monde au moyen d'un paradigme. J'en ai déjà parlé. Durant ce type de phase, le paradigme n'est pas remis en cause, et la connaissance s'élargit à mesure que les chercheurs résolvent des « énigmes », c'est-à-dire les différents problèmes qu'ils rencontrent en tentant d'appliquer le paradigme à de nouveaux champs de la nature.

Il existe cependant des moments où des anomalies graves sont constatées : décalages persistants entre mesures et théories, phénomènes inexpliqués, énigmes insolubles, etc. Si ces anomalies persistent, résistent à toutes les tentatives de solution dans le cadre du paradigme, c'est ce dernier qui commence à perdre de sa crédibilité, au point que les chercheurs peuvent être amenés à le remettre en cause et lui chercher un remplaçant : on entre là dans une phase de révolution scientifique, qui perdure tant qu'un nouveau paradigme n'est pas adopté.

Illustrons ces deux types de phase à l'aide d'un exemple pris en astronomie[89]. Au XVIIe siècle, le paradigme en vigueur, hérité d'Aristote, plaçait la Terre au centre du monde, les planètes et les astres tournant autour. Ce système avait donné satisfaction pendant des siècles, durant lesquels les astronomes, en phase de science normale, se contentaient de le retoucher à la marge pour en affiner les prédictions. Ce fut le cas notamment de Ptolémée, au IIe siècle.

Pourtant, à mesure que le temps passait, on remarqua que la complexité de l'astronomie augmentait beaucoup plus vite que son exactitude et qu'une divergence corrigée à tel endroit en révélait une autre ailleurs. Au début du XVIe siècle, un nombre croissant des meilleurs astronomes d'Europe commençaient à être sceptiques sur ce paradigme. Cela conduisit à la révolution copernicienne, qui plaça le soleil au centre de l'univers, les planètes tournant autour.

Pour Kuhn, le choix d'un nouveau paradigme ne se fait pas sur des critères scientifiques. Selon lui, il n'est, en effet, pas possible de comparer rigoureusement deux paradigmes, car chacun fournit des visions du monde différentes. Les concepts, les méthodes, les résultats de l'un ne sont pas transposables dans l'autre.

Par exemple, la masse des planètes, inutile chez les aristotéliciens (les astres sont mus par les sphères qui les portent), est un paramètre important chez les newtoniens (elle apparaît dans la loi de la gravité) ; l'observation de l'espace n'a pas beaucoup d'intérêt pour un aristotélicien (qui le considère immuable, donc connu une bonne fois pour toute), elle est objet de recherche pour un copernicien ; un mouvement sans cause est une hérésie pour un aristotélicien (qui observe que si on cesse d'agir sur un objet pour le mouvoir, il finit par s'arrêter), c'est un axiome de base pour Newton (et son fameux principe d'inertie. Si les mouvements s'arrêtent quand on cesse notre action, c'est qu'une force discrète agit : les frottements) ; une action à distance inexpliquée est possible pour un newtonien (la gravité), occulte et donc irrecevable pour un cartésien qui n'admet que les actions par contact.

Ainsi, les paradigmes seraient, par nature, incompatibles entre eux, ce qui les rendrait « incommensurables ». Il n'y a pas véritablement d'argument logique définitif en faveur de l'un ou de l'autre paradigme. Les prémisses, les observations, les preuves, toujours empreintes de théorie, appartiennent d'une façon ou d'une autre à un paradigme, et ne sont donc pas lisibles dans l'autre. Il en est de même des champs d'application ou des pouvoirs explicatifs.

De ce fait, la bascule d'un paradigme à un autre ne pourrait se faire que par conviction. Elle s'apparenterait même, selon Kuhn, à une « conversion religieuse », mettant en jeu des principes métaphysiques. Elle relèverait de la psychologie au niveau d'un individu, de la sociologie au niveau de la communauté.

Dans ce contexte, un changement de paradigme conduit-il nécessairement à un progrès de la connaissance ?

Pour certains, comme P. Feyerabend[90], la réponse est négative. Le nouveau paradigme n'est pas obtenu de façon cumulative à partir du précédent, en lui adjoignant de nouveaux raffinements, de nouveaux aspects. Il est obtenu en *abandonnant* le précédent. Dans la mesure où les visions du monde qu'ils véhiculent diffèrent, il est difficile de mesurer si réellement il y a progrès lorsqu'on change de paradigme. De plus, bien souvent, si le nouveau paradigme permet d'expliquer des phénomènes récalcitrants, presque toujours, il en abandonne d'autres.

Beaucoup ne partagent pourtant pas ce point de vue. Ainsi, Kuhn lui-même écrit « *Les théories scientifiques de dates récentes sont meilleures que celles qui les ont précédées, sous l'aspect de la solution des énigmes(...)* »[91], c'est-à-dire qu'elles ont une capacité à élucider un plus grand nombre de problèmes. Je n'ai pas trouvé les arguments de Kuhn en faveur de ce point de vue, mais il me semble que la position de Feyerabend – comme beaucoup de ses positions - est un peu extrême : même si deux paradigmes sont incommensurables, il reste possible de vérifier si l'un permet de résoudre plus de problèmes qu'un second. De fait, il me semble que la relativité résout plus de cas que la théorie newtonienne, cette dernière étant prise en défaut à grande vitesse, ou lorsque l'on s'intéresse à la lumière par exemple.

Cette discussion entre rationalisme et relativisme montre la complexité du sujet. L'histoire des sciences semble néanmoins plaider pour une augmentation du pouvoir explicatif de la science. Le savoir du XXIe siècle me semble sans commune mesure avec celui du XVIIe siècle.

La publication scientifique, qui concourt à la bonne marche générale du processus de validation des travaux des chercheurs, est le théâtre de tensions spécifiques que je voudrais maintenant aborder.

J'ai évoqué au premier chapitre un épisode où des relecteurs ont probablement détourné une partie d'un de mes articles à leur profit. L'un des engagements que prennent les relecteurs est pourtant de ne pas diffuser les résultats qui leur sont soumis. C'est indispensable au bon fonctionnement du système.

D. Resnik[92] évoque un certain nombre de points de vigilance à observer dans le processus de publication. Si les relecteurs doivent faire leur travail de façon confidentielle, ils doivent également le faire honnêtement : évaluer la teneur de l'article proposé, sa cohérence scientifique, sa nouveauté, ses références bibliographiques, etc. Ceci n'est pas toujours si évident, en particulier si ses auteurs sont des concurrents, ou s'il y a des inimitiés avec eux. Certains auteurs demandent à l'éditeur de la revue à ce que leur article ne soit pas relu par tel ou tel collègue, dont ils connaissent l'hostilité. Dans ce cas, comme dans celui plus personnel que j'ai évoqué, les éditeurs de revue scientifique ont un rôle important à jouer. Ils organisent le processus, choisissent les relecteurs et publient les articles. Ils doivent veiller autant que possible à ce qu'il n'y ait pas de conflits d'intérêt potentiel entre les relecteurs qu'ils choisissent et les auteurs de l'article à contrôler. Ils doivent s'assurer que le processus contribue à l'amélioration des articles, et ils sont les garants finaux que le processus de relecture a bien fonctionné.

Au niveau du chercheur qui publie, D. Resnik appelle la vigilance sur trois principaux aspects : un article doit contenir des résultats corrects et validés, non plagiés, et en citant tous les contributeurs.

Des résultats corrects et validés, cela va sans dire... Nous avons déjà évoqué ce sujet avec en particulier l'affaire Hwang, qui est un cas sans doute extrême, mais néanmoins emblématique. Le simple terme de « résultat » mérite aussi quelques développements : les articles doivent en contenir, et ne pas être de simples prolongements d'articles déjà publiés. Les résultats ne doivent pas non plus être trop saucissonnés dans le but de donner lieu à plus d'articles : il est plus commode pour des lecteurs que les articles soient peaufinés, approfondis, complets, plutôt que de devoir lire quantité d'articles sans structure d'ensemble, et répartis dans différentes revues.

Le plagiat peut prendre différentes formes : du plagiat involontaire, qui survient quand le chercheur avance des idées dont il ne souvient pas qu'il les a entendues par ailleurs, ou dont il ne se souvient pas de l'origine... au plagiat volontaire quand un chercheur reprend sciemment les idées d'un autre.

Il est important également que tous les contributeurs, et uniquement ceux-là, soient mentionnés comme auteurs des articles publiés. Il arrive que des auteurs soient omis. Il arrive aussi que des auteurs soient mentionnés alors qu'ils ne sont pas pour grand chose dans le travail. Ce peut être le cas de directeurs d'équipe ou de laboratoire, de directeurs de thèse : soit qu'ils l'exigent eux-mêmes, soit au contraire que ce soit leurs collègues qui essaient ainsi de les honorer.

Bien des difficultés qui apparaissent autour du processus de publication découlent probablement de son détournement. Publier un article scientifique ne sert plus uniquement à la validation et à la diffusion de la connaissance, mais devient de plus en plus un enjeu de prestige : plus on publie, meilleur on est. Derrière le prestige, il y a d'autres enjeux déjà évoqués, plus pragmatiques : l'avancement, l'obtention de financements, sont plus faciles lorsqu'on est un chercheur reconnu. L'adage « *publish or perish* » des Anglo-saxons en dit long sur le sujet. Ce contexte ne rend pas l'honnêteté facile.

Dans cette course à la publication, les chercheurs finissent par ressentir une véritable « *pression sociale (...) souvent source de véritables névroses* »[93]. Cette pression peut les amener, volontairement ou non, à publier à tout prix, éventuellement en commettant des déviances telles celles mentionnées plus haut. Cette pression peut prendre des formes assez concrètes. Par exemple, les institutions s'appuient, entre autres, sur les publications pour évaluer leurs chercheurs, comme c'est le cas au Cnrs[94] : « *Le premier critère examiné concerne les contributions scientifiques (qualité et régularité de la production scientifique)* ». Notons cependant que ce même Cnrs est conscient du problème, qui indique que « *la liste des publications et autres indicateurs bibliométriques ne constituent qu'une approche purement quantitative. Celle-ci n'est pas suffisante, et il reste bien évidemment à la charge des rapporteurs d'estimer l'impact réel de la publication, son contenu, et la participation effective de l'auteur. En particulier, les redondances entre publications sont à éviter* ». Pour évaluer les chercheurs, il faut certes bien recourir à des critères, et celui des publications peut en être un –parmi d'autres : il est à manipuler avec doigté, compte tenu de tous les inconvénients qu'il comporte.

Au vaste édifice qu'est aujourd'hui la connaissance scientifique, les travaux d'un chercheur n'apportent qu'une pierre bien petite. Quel est l'impact réel de cette pierre ? Il n'est pas facile de le savoir, de savoir ce que deviennent les travaux que l'on a réalisés, quel usage en font les autres chercheurs. Cela est d'autant plus difficile que le processus d'avancement de la connaissance est étalé dans l'espace –mondial - et dans le temps –les travaux peuvent être réutilisés pendant des décennies.

Il en résulte me semble-t-il un effet pervers, celui de déresponsabiliser les chercheurs. Cette déresponsabilisation procède d'un double effet. Le premier est une déresponsabilisation par dilution. Dans la mesure où notre travail de chercheur s'appuie sur les résultats des autres, qu'il n'apporte qu'une petite contribution à un vaste ensemble, il est tentant d'en conclure que notre part de responsabilité à cet ensemble est tellement minuscule qu'il ne vaut même pas la peine d'y penser.

Le deuxième effet est une déresponsabilisation par aveuglement. Ne sachant pas ce que sont devenus mes travaux, je n'avais pas vraiment de raison de me sentir responsable de leurs conséquences, de ce dont ils étaient potentiellement porteurs.

Le rôle de la communauté scientifique est donc important en ce sens qu'il permet de corriger certaines défaillances individuelles. Pour autant, il n'est pas un garde-fou absolu, et ne peut garantir contre la production de théories erronées. Il est aussi le siège d'un certain nombre de tensions éthiques. Certaines améliorations pourraient être apportées, notamment en rendant à la publication son rôle essentiel qui est de valider et diffuser la connaissance, et non de mesurer l'efficacité des chercheurs.

Conclusion

Dans ce chapitre, j'ai mené un certain nombre de réflexions autour de la phase d'élaboration de la connaissance que j'ai accomplie sur la formation de tourbillons. Cette phase comporte la lecture de publications déjà existantes, la construction théorique, la confrontation aux observations, de la publication des résultats obtenus.

J'ai montré aussi que cette phase était loin d'être rectiligne et balisée mais était, au contraire, sinueuse et aventureuse ; qu'elle ne partait pas d'un point A pour parvenir à un point B, mais que tant son point de départ que son point d'arrivée pouvaient évoluer au gré de l'avancement des travaux, dépendant donc du chercheur et de son entourage ; qu'elle s'effectuait sous l'influence de nombreux facteurs –sociaux, épistémologiques- dont il est bon que les scientifiques aient conscience pour cheminer plus lucidement.

Nous avons également vu que l'élaboration de la connaissance scientifique s'appuie sur des forces qui sont développées à deux niveaux. Au niveau individuel, les chercheurs s'efforcent de cultiver des qualités -patience, rigueur, critique- pour élaborer leurs théories. Au niveau collectif, la diffusion de la connaissance au sein de la communauté scientifique permet à cette dernière d'exercer un contrôle critique, et permet un progrès cumulatif de la connaissance scientifique.

Un autre résultat de cette partie est que la connaissance scientifique a beaucoup de mal à être objective et semble conserver une empreinte humaine, subjective ou inter-subjective. Ceci m'amène à m'interroger sur cette quête d'objectivité. Si d'un côté, elle pourrait paraître indispensable à fournir des connaissances fiables, d'un autre côté, elle semble un idéal inaccessible. Il y a là une tension qui s'étoffe d'autres considérations que je voudrais développer ici en me demandant si l'objectivité est absolument souhaitable.

Le premier argument est un argument… scientifique ! Est-il légitime de rechercher l'objectivité pour décrire le monde correctement ? Le monde peut-il être réellement compris indépendamment de la conscience humaine ? Les théories scientifiques peuvent-elles représenter le monde indépendamment de la conscience que nous en avons ? Ceci présuppose en fait que le monde existe objectivement, indépendamment de l'expérience humaine, et qu'il nous est accessible. Il s'agit là de postulats relevant de la métaphysique et non de la science. Un certain nombre d'approches prétendent d'ailleurs le contraire. Pour le bouddhisme, par exemple, la perception du monde est le résultat d'une interdépendance entre les phénomènes et notre esprit[95]. Plus proche de nous, Hume explique que la seule chose dont nous soyons certains, ce sont les sensations qui parviennent à notre esprit. Il n'est donc pas possible d'en inférer l'existence des objets eux-mêmes en dehors de nous[96]. Enfin, les théories employées pour expliquer la nature sont imprégnées de nos concepts humains.

Ainsi, un des grands principes de la mécanique quantique, étude de l'infiniment petit, est le principe d'incertitude, selon lequel il est impossible de connaître les quantités subatomiques (position, vitesse des particules) telles qu'elles existent en elles-mêmes, indépendamment de tout système de mesures. Le comportement de la matière sous forme d'onde ou de particule, selon les processus étudiés, les appareils de mesure utilisés, est un autre aspect qui va dans le même sens. Dans le domaine de l'océanographie, les appareils de mesure interfèrent avec les phénomènes étudiés. Par exemple, immerger un courantomètre pour mesurer la vitesse d'un courant modifie ce dernier.

Ainsi, retirer par principe le sujet-chercheur de la démarche de recherche scientifique est limitatif, et même non-scientifique, car il ferme d'entrée tout un champ d'exploration. Il me semblerait plus rigoureux d'examiner la validité de cette hypothèse, de se donner la possibilité de s'en affranchir pour explorer le monde, et de voir si les débouchés ne sont pas plus riches.

Au-delà de l'argument scientifique, un trop grand accent mis sur la recherche d'objectivité a un inconvénient méthodologique, celui de restreindre le champ de réflexion du chercheur au strict scientifique. Comme l'explique D. Vermersch[97], « *l'époque moderne serait dominée, selon Heidegger, par une « métaphysique de la représentation »* », qui nous conduit à nous positionner comme spectateurs du « monde-objet » que nous étudions.

E. Morin[98] précise que le développement du quantitatif, de la mesure, de la mathématisation de la Nature, et l'éviction du subjectif, du qualitatif, ont permis certes d'atteindre une certaine objectivité, mais ont aussi exclu ce qui justement pouvait donner du sens et articuler les savoirs. Il s'est ainsi opéré une triple disjonction qu'il conviendrait de rectifier : entre le scientifique, sujet pensant, et le monde ; entre sciences naturelles et sciences humaines ; entre science et philosophie : « *A partir du moment où s'est opérée la disjonction entre d'une part la subjectivité humaine réservée à la philosophie ou à la poésie, et d'autre part l'objectivité du savoir qui est le propre de la science, la connaissance scientifique a développé les modes les plus raffinés pour connaître tous les objets possibles, mais elle est devenue complètement aveugle sur la subjectivité humaine ; elle est devenue aveugle sur la marche de la science elle-même ».*[99] C'est aussi l'analyse que fait Husserl dans la *Crise des sciences européennes*[100].

Sur mon cas personnel, j'ai déjà évoqué les nombreuses occasions où des questions que j'ai plus tard qualifiées d'éthiques ont affleuré dans mon esprit sans que je sache m'en emparer pour tenter de les creuser. C'est grâce à ma formation à l'éthique que j'ai pu les aborder, et en mettre à jour bien d'autres que je n'avais même pas envisagées.

La connaissance scientifique reste donc fortement imprégnée d'humain, ce qui confère une responsabilité d'autant plus importante aux chercheurs. L'objectivité n'a de sens que dans une limite inter-subjective, et n'est de toute façon pas un objectif en soi. Il me semble utile pour un chercheur d'avoir conscience de ces éléments.

Cette phase d'élaboration de la connaissance scientifique est ainsi le siège d'un certain nombre de tensions éthiques pour le chercheur, que l'on peut regrouper en quelques nœuds : obtenir des résultats aussi rigoureux que possible, tout en étant conscient qu'ils ont toujours des failles ; cheminer aussi librement que possible dans un monde forcément sous contrainte ; prendre conscience de ses responsabilités, franchir ses réticences, les assumer, alors qu'on n'y est pas vraiment préparé.

V. Questions éthiques entourant le devenir des résultats scientifiques

Dans ce chapitre, je m'intéresse au devenir de mes résultats *en dehors* de la sphère scientifique, aux usages qui en sont faits, et aux questions éthiques qui en résultent pour le chercheur.

Le plus évident sans doute est que les résultats des recherches servent à des *applications* techniques, mais leur impact ne se limite pas là : en contribuant à approfondir notre connaissance de la nature, ils modifient notre perception du monde, ayant ainsi ce que j'appellerai des *implications*.

Applications, implications, sont ainsi les deux grands types de répercussions qu'a la science sur notre société. Je les analyserai en détail, et aborderai ensuite un sujet transverse : quel rôle doit jouer la diffusion de la connaissance scientifique auprès du grand public ?

Ces différents aspects étant relativement disjoints, je les aborderai successivement, en les décrivant chacun plus précisément et en examinant conjointement les problèmes éthiques qu'ils soulèvent. Je m'appuierai, comme dans chaque chapitre, sur un certain nombre de situations que j'ai rencontrées.

Questions éthiques posées au chercheur par les applications résultant de ses travaux

J'aborde ici les questions suscitées par les applications des résultats de recherches scientifiques, en commençant par examiner quelques exemples personnels.

Le Centre Militaire d'Océanographie dans lequel je travaillais était un organisme à vocation appliquée, qui devait fournir des produits utiles à la Marine nationale. Les travaux de recherche que j'ai menés s'inscrivaient donc dans un contexte à finalité applicative.

Mes recherches, lorsqu'elles portaient sur des zones intéressant la Marine (comme le sud-ouest Portugal), avaient presque directement une application, car elles permettaient ainsi aux marins de mieux les connaître. Je dis « presque », car une mise en forme adaptée était tout de même nécessaire. Un service du Cmo s'occupait de cet aspect en rédigeant des fiches expliquant aux marins les différents phénomènes qu'ils étaient susceptibles de rencontrer au cours de leur navigation. Nos recherches, et plus généralement la connaissance que ces recherches nous faisaient acquérir, contribuaient à alimenter ces fiches.

Une autre application importante recherchée par la Marine était le développement d'un système de prévision océanique comparable aux systèmes de prévisions météorologiques, c'est-à-dire capable de décrire en temps réel et de prévoir l'évolution de l'océan (ses courants, sa température, sa salinité, etc.). Dans ce but, à partir des années 1990, le Shom*, organisme de tutelle du Cmo, s'est associé à d'autres institutions françaises pour créer un organisme équivalent de Météo France, et baptisé Mercator. Il est actuellement porté par cinq associés : Cnrs,

---

* Service hydrographique et océanographique de la Marine

Ifremer, Ird*, Météo France, et donc Shom. Il délivre des prévisions océaniques qui peuvent servir pour différents usages : pour des problèmes côtiers (rejets de polluants, dérives d'objets dangereux) ; pour l'aide au transport maritime … et aux courses de voiliers autour du monde (meilleure connaissance des courants) ; pour les prévisions climatiques saisonnières ; et, bien entendu, pour des applications militaires. Je ne sais pas précisément l'impact qu'ont eu mes travaux sur ce type de produit, mais je pense que, par exemple, l'élucidation du mécanisme de formation de tourbillons au sud-ouest Portugal permet ensuite de mieux le représenter dans un modèle numérique.

Enfin, au-delà des résultats que j'obtenais, mon activité de recherche avait d'autres applications utiles pour le Cmo. Elle me faisait à acquérir une connaissance chaque jour plus élargie du fonctionnement océanique, et la tenir à jour par la veille scientifique que j'assurais en lisant des revues spécialisées et en assistant à des colloques. Cette connaissance était utile à de nombreux échelons applicatifs. De plus, mon activité de recherche, en me maintenant en lien avec la communauté scientifique, permettait au Cmo d'y avoir lui aussi un pied pour s'appuyer sur elle en tant que de besoin, avec des débouchés très concrets tel Mercator par exemple.

Mes travaux étaient financés par la Défense, et avaient ultimement vocation à servir à des usages militaires. A l'origine, comme je l'ai indiqué, l'océanographie militaire a été développée pour les Snle et la dissuasion nucléaire. Puis les besoins en océanographie se sont élargis au domaine côtier avec, entre autres finalités, l'aide au débarquement de troupes en territoire ennemi (comme pendant la guerre du Golfe) ou à la surveillance de l'espace maritime français. Tout ceci n'était pas

* Respectivement Centre national de la recherche scientifique, Institut français de recherche pour l'exploitation de la mer, Institut de recherche pour le développement.

sans me poser des questions morales, assez rudimentaires à l'époque il est vrai.

Tous les chercheurs sont susceptibles de rencontrer de telles questions car, de façon générale, les progrès de la connaissance peuvent déboucher sur des applications parfois bien problématiques. La biomédecine est ainsi porteuse d'interrogations nombreuses, dans les domaines de la procréation (comme la procréation assistée, la détection des malformations *in utero,* les dépistages génétiques), du clonage, des techniques de réanimation qui sont de plus en plus performantes[101]. En biologie, on trouve la problématique des Ogm. En physique, les nanotechnologies commencent à poser de sérieuses questions.

Quelle place les chercheurs doivent-ils prendre dans ces questionnements ? Quelles responsabilités possèdent–ils dans ces applications ? De quoi doivent-ils répondre ? Quelles conséquences assumer ? La réponse peut paraître simple, *a priori* : dans la mesure où les chercheurs produisent la connaissance, ils doivent assumer la responsabilité de ses conséquences. Ainsi, selon l'ICSU[102] :

> Les scientifiques sont les gardiens de la nouvelle connaissance et, en tant que tels, ils ont une responsabilité particulière envers le reste de la société (…). La connaissance scientifique, quand elle est détournée ou mal utilisée, peut faire un mal considérable. D'un autre côté, quand elle est bien accompagnée et gérée par les scientifiques et la société, elle occasionne des bienfaits énormes. Etant donnée cette dualité, l'exigence auprès des scientifiques qu'ils fassent particulièrement attention à leur responsabilité individuelle et collective est plus élevée que dans la plupart des autres métiers

Pourtant, cette position suscite de la résistance de la part de nombreux chercheurs, qui semblent ne pas envisager avoir une quelconque responsabilité dans les applications découlant de leurs travaux. Comme le rapporte K. Evers[103], pour beaucoup, leur travail consisterait uniquement à mettre à jour des connaissances, et de ce fait n'aurait pas de caractère intrinsèquement bon ou mauvais. Ce seraient les utilisateurs de ces connaissances qui pourraient en faire un usage plus ou moins discutable :

> Rechercher et trouver des faits et des théories est supposé être la tâche du scientifique. A l'opposé, les applications de cette connaissance dans la société ne sont pas considérées être de la responsabilité des scientifiques, mais de la responsabilité des politiciens ou autres personnes concernées.

On peut ainsi rencontrer chez les chercheurs trois types de rejet de responsabilité, que j'appellerai le déni de responsabilité, l'exemption de responsabilité, et le refus de responsabilité.

J'ai déjà évoqué les deux derniers à propos du travail de recherche : l'exemption de responsabilité part du principe que le chercheur ne fait que mettre à jour les lois de la nature, qu'il n'est donc pas libre de leur contenu, et n'en est donc pas responsable non plus ; le refus de responsabilité est un choix fait délibérément pour préserver la science de toute contamination par des valeurs ou de la subjectivité.

Le déni de responsabilité, quant à lui, est le fait de ne pas être conscient, de ne pas même envisager que l'on puisse avoir une responsabilité. On peut par exemple lire dans les *Etats généraux de la recherche*[104] que l'autonomie de la recherche « *a pour contrepartie l'acceptation par les acteurs de la recherche d'une évaluation interne rigoureuse* ». Il est certes envisagé ici une responsabilité : celle, en gros, de bien faire son travail. Mais la responsabilité dans les conséquences des travaux n'est pas évoquée. Dans le même ordre d'idées, Jean-Jacques Salomon évoque un certain nombre de scientifiques ayant travaillé à la construction d'armes de destruction massive :

> Nombre de scientifiques ont assumé deux rôles (...). On les voit tantôt sous l'uniforme du soldat, tantôt sous celui du missionnaire de la paix, tantôt partisan de la culture de la guerre, tantôt rallié au parti de la paix –sans qu'ils cessent de travailler avec zèle aux armes de destruction massive. Mais, plus significatif encore, ces deux rôles peuvent être assumés simultanément, et nous sommes dès lors tout à fait dans la communauté du déni[105].

Les témoignages abondent de scientifiques se rendant compte *après coup* qu'ils sont allés trop loin. J'ai déjà évoqué le cas d'Andreï Sakharov travaillant à la bombe H soviétique, qui est exemplaire à cet égard[106]. C'est seulement lorsque l'amiral Tomine lui fit part de ses réserves quant à son projet de torpille capable de transporter la bombe et de détruire les plus grands ports américains qu'il a commencé à réaliser qu'il était dans un tel déni de responsabilité.

Ainsi, la frilosité, délibérée ou non, à envisager leur responsabilité quant aux applications découlant de leurs travaux est fréquente chez les chercheurs –même si elle n'est pas universelle.

Les arguments des opposants à une quelconque forme de responsabilité des chercheurs par rapport aux applications qui sont tirées de leurs travaux me semblent contestables à plus d'un titre.

Le déni de responsabilité est, par définition, contestable, puisqu'il consiste à ne pas même examiner la question. L'exemption et le refus de responsabilité concernent la phase d'élaboration de la connaissance étudiée au chapitre précédent et j'ai montré leurs limites, en soulignant combien cette phase impliquait la responsabilité des chercheurs de multiples façons.

J'ai également montré que la responsabilité des chercheurs - souvent associée d'ailleurs à celle de nombreux autres acteurs - était impliquée dès le choix d'un sujet de recherche. Or, ces choix ont évidemment un impact direct sur les applications qui s'en suivront.

Enfin, les chercheurs ont aussi la liberté, et donc la responsabilité, *d'arrêter* une recherche si elle leur semble problématique. C'est un peu ce qui a été fait dans le domaine du génie génétique dans les années 1974-1975 : Paul Berg, spécialiste de biologie moléculaire, avait, en juillet 1974, réclamé un moratoire volontaire de certaines expériences de recombinaison d'ADN, jusqu'à ce que les risques puissent en être estimés.

Tous ces arguments me semblent militer pour une responsabilité des chercheurs par apport aux applications qui découlent de leurs travaux. Il en résulte deux questions : quelle forme cette responsabilité peut-elle prendre ? Comment faire prendre conscience de cette responsabilité aux chercheurs ? J'aborderai la première question dans le paragraphe qui suit, et la deuxième dans le prochain chapitre.

S'il y a bien une responsabilité des chercheurs dans les applications découlant de leurs travaux, sous quelle forme peut-elle être exercée ? Il me semble utile de faire à nouveau la distinction entre recherche finalisée ou non finalisée. Pour mémoire, la recherche non-finalisée -la recherche fondamentale pure- est l'exploration de domaines de la connaissance restés vierges. Elle ne peut par définition avoir d'objectifs précis. C'est par exemple le travail d'Einstein énonçant la théorie de la relativité en 1905. La recherche finalisée, elle, a des objectifs pratiques, des applications, à relativement court terme. C'est par exemple la recherche réalisée dans le cadre du projet *Manhattan,* lancé aux Etats-Unis pendant la Deuxième guerre mondiale par le président Roosevelt, qui a réuni, entre autres, de nombreux chercheurs pour fabriquer la bombe atomique.

La responsabilité semble assez simple à envisager dans le cas de la recherche finalisée. Nous sommes en présence de ce que j'ai appelé dans un précédent chapitre la responsabilité-imputabilité, dans laquelle l'agent est responsable des actes dont il est l'auteur. Les individus participant à un processus de recherche finalisée savent dans quelle direction ils travaillent, pour quels objectifs, et portent ainsi assez naturellement une part de responsabilité dans les applications qu'ils contribuent à mettre au point. Les scientifiques qui participaient au projet *Manhattan* savaient exactement ce qu'ils faisaient. Ils n'ont d'ailleurs pas tous eu le même comportement. *Manhattan* avait été lancé pour contrer l'Allemagne nazie, soupçonnée d'avancer à grands pas dans la mise au point d'une bombe atomique. Lorsque l'Allemagne a capitulé, le projet initial est donc devenu caduc. Certains scientifiques l'ont alors abandonné, tandis que d'autres sont restés jusqu'à la mise au point finale de la bombe atomique, et à son utilisation.... contre les Japonais. On voit ici comment concrètement chacun peut exercer sa responsabilité.

Dans le cas de la recherche non finalisée, le problème semble plus complexe. Comment les chercheurs peuvent-ils imaginer les applications qui seront tirées de leurs découvertes, parfois après bien des années ? Reprenons l'exemple de la théorie de la relativité publiée par Einstein en 1905. Les expériences de Michelson, menées dans les années 1880, avaient mis le monde de la physique devant une énigme théorique importante[107]. Michelson voulait comparer la vitesse d'un rayon lumineux envoyé dans le même sens que le déplacement de la Terre autour du Soleil, à celle d'un rayon lumineux envoyé en sens opposé. Si tout se passait comme dans la vie courante, la vitesse du premier, à laquelle s'additionnait la vitesse terrestre, devait être supérieure à celle du second, à laquelle elle se retranche. Or les expériences de Michelson, répétées maintes fois, montrèrent toutes le même résultat : les vitesses étaient identiques dans toutes les directions. Pour résoudre ce problème, très théorique on en conviendra, Einstein proposa sa théorie de la relativité en 1905. La célèbre formule « $E=mc^2$ » en était un des résultats dérivés, mais Einstein n'imaginait pas à cette époque qu'elle serait à la base de la réalisation de la bombe atomique quarante ans plus tard. C'était d'autant plus difficile à anticiper qu'il a fallu d'autres découvertes (telle la réaction en chaîne) pour y parvenir.

Comment dans ces cas penser la responsabilité des chercheurs ? Le concept de responsabilité-imputabilité est inopérant ici, car il est difficile d'imputer les conséquences d'un acte à quelqu'un qui n'en a pas idée. En revanche, nous pouvons recourir à ce que j'ai appelé la responsabilité-devoir : l'agent disposant d'un statut, occupant une fonction, ayant un savoir, a le devoir de prévenir, d'anticiper les conséquences afférentes. Les acteurs de la recherche, par leur position privilégiée au cœur de la connaissance en train de s'élaborer, ont ainsi le devoir de vigilance, le devoir de *tenter* d'anticiper, autant que faire se peut, les conséquences que leurs travaux pourraient avoir. Les chercheurs me semblent bien placés pour cela, d'une part parce qu'ils maîtrisent les enjeux scientifiques, et d'autre part parce qu'ils peuvent réfléchir à ces enjeux au fur et à mesure de l'avancement de leurs recherches. Or, plus on s'interroge en amont d'une recherche, plus on donne le temps à la réflexion éthique de mûrir.

La réflexion est compliquée par le fait qu'une même recherche peut avoir plusieurs conséquences différentes. On dit souvent que la connaissance scientifique est ambivalente pour dire qu'une avancée scientifique peut conduire à différents types d'applications, certaines bénéfiques, d'autres nuisibles. Ainsi, les recherches sur la structure de la matière ont conduit au développement de la bombe atomique, mais aussi de la médecine nucléaire qui a révolutionné l'imagerie médicale, au travers en particulier de l'utilisation des IRM[108]. Cette ambivalence de la science rend d'autant plus nécessaire la réflexion éthique.

Cette ambivalence se retrouve au niveau des applications elles-mêmes. Attribuer le caractère de bénéfique ou de nuisible relève d'un jugement de valeur, et peut de ce fait varier selon les critères que l'on se donne. Certains diront ainsi peut-être que la bombe atomique a des bons côtés, qu'elle a permis de maintenir la paix pendant toute la guerre froide en assurant l'équilibre de la terreur. D'autres estimeront que les progrès médicaux ne sont pas toujours bénéfiques, qu'ils conduisent parfois à un acharnement thérapeutique pas toujours judicieux. L'éthique doit être convoquée à ce niveau également pour élaborer des positions argumentées.

Enfin, insistons à nouveau sur le fait qu'un chercheur porte rarement la responsabilité seul. Le processus de recherche est un processus collectif, impliquant les travaux de nombreux chercheurs répartis dans le temps et l'espace. Il implique également d'autres professionnels, tels les employeurs qui peuvent orienter leurs chercheurs, les organismes allouant des crédits de recherche, les ingénieurs qui contribuent aux développements d'applications, etc. Chacun de ces acteurs porte donc une responsabilité individuelle, mais il nous faudra sans doute réfléchir également à une forme de responsabilité collective.

Pendant longtemps, j'ai considéré que la recherche fondamentale en océanographie ne posait pas de question éthique. Cette position me semblait légitimée par deux types d'arguments. Le premier rejoint celui que j'ai déjà évoqué plus haut, qui consiste à dire que la recherche fondamentale ne fait qu'approfondir la connaissance, et qu'elle n'est pas concernée par les applications. J'ai montré la faiblesse de cet argument. Le second partait du constat que les applications que je connaissais de l'océanographie –compréhension du fonctionnement de l'océan, réalisation de modèle de prévision- semblaient bien innocentes en comparaison notamment avec l'armement, les applications biomédicales, les Ogm, ou les nanotechnologies. L'argument est un peu faible lui aussi, car dans l'absolu, il peut néanmoins y avoir des enjeux non-négligeables. Il faut ici rappeler que quand on fait de la recherche fondamentale, les applications peuvent survenir parfois des années plus tard. Ceci invite à la prudence, et recommande d'envisager que tout progrès de la connaissance puisse être potentiellement porteur de développements techniques problématiques ultérieurs. Ma responsabilité-devoir était donc engagée au même titre que celle de tout chercheur fondamental, et aurait dû m'inviter à la vigilance et à la réflexion éthique anticipatrice que j'ai proposée.

Penchons-nous maintenant du côté des applications de mes travaux : la transmission de la connaissance aux marins, la réalisation d'un système de prédiction océanique. Ces applications ne me semblent pas, encore aujourd'hui, *intrinsèquement* chargées en risques, menaces ou autre enjeu problématique.

Reste pourtant la question du *contexte* dans lequel je travaillais, à savoir un organisme militaire, pour fournir des produits aux marins. En tant que membre de cet organisme, en tant que rouage contribuant à ses objectifs, j'avais une responsabilité à assumer. Cette question n'est pas propre au scientifique que j'étais : tout employé du même organisme possédait la même responsabilité. Elle n'était pas liée à mon activité, mais à mon statut. Elle mérite d'être examinée avec soin par tout salarié.

Je voudrais également dire quelques mots d'un aspect particulier des applications qui découlent de la connaissance scientifique : c'est l'utilisation de cette dernière pour l'expertise. Dans notre société baignée par les innovations techniques, beaucoup de prises de décision nécessitent des connaissances pointues, ce qui entraîne la consultation d'experts, parfois chercheurs dans le domaine considéré.

J'ai personnellement été sollicité pour une expertise. Le 12 décembre 1999, le pétrolier Erika faisait naufrage au sud de la Bretagne. Le Cmo m'a alors demandé de participer à un groupe d'experts mobilisés pour l'occasion, avec des personnes d'autres organismes brestois, dont l'université, Ifremer, le Cedre[109].

L'expertise n'est pas un exercice simple, il nécessite des connaissances pointues sans doute, mais plus proches de l'applicatif que du fondamental. Le chercheur plutôt fondamental que j'étais n'avait pas ces connaissances. De plus, nous n'avions pas au Cmo d'outils véritablement utiles pour ce genre de situation. Je pense que j'avais été envoyé là par le Cmo parce que j'étais celui dont les thématiques de travail s'approchaient le plus du domaine en question. Si cela avait un côté flatteur pour moi, je pense ainsi qu'il y avait aussi pour le Cmo une volonté d'affichage : être présent, se faire connaître.

Ce groupe d'experts n'avait jamais été réuni auparavant, et les divers organismes représentés n'avaient jamais travaillé ensemble –voire même pour beaucoup individuellement- sur ce type de problème aigu. La création dans l'urgence de ce groupe témoignait donc là aussi sans doute plus d'une volonté d'affichage que d'un véritable souci opérationnel.

On devine sur les quelques lignes qui précèdent que, pour les différentes instances concernées, ce groupe d'experts était probablement plus un moyen de communication qu'un véritable outil de lutte contre la marée noire. Il y a là un biais possible, et les experts doivent faire preuve d'une certaine vigilance sur ce point.

Symétriquement, on peut se trouver dans une situation opposée, dans laquelle le décideur aura tendance à parer le chercheur de toutes les connaissances, toutes les certitudes, détenteur de la vérité, et lui confiera jusqu'aux prises de décision. Il peut être également tentant pour le chercheur de se parer lui-même volontairement de telles vertus pour influencer les décisions.

Ceci m'amène à m'interroger sur la façon optimale avec laquelle experts et décideurs doivent se positionner. D.

Resnik[110] propose de procéder par analogie avec la relation médecin-patient.

A une extrémité, dans une relation de type « autonomie », le médecin –l'expert- fait une présentation aussi exhaustive et objective que possible au patient –au décideur- et lui laisse entière autonomie de décision. A l'autre extrémité, dans une relation de type « paternaliste », le médecin –l'expert- estime que le patient –le décideur- étant en position de faiblesse du fait de stress occasionné par sa situation, de son absence de connaissance véritable du sujet, n'a pas la capacité d'évaluer la situation correctement : il le fait donc à sa place. Selon D. Resnik, il faut viser entre les deux : l'expert doit présenter les données scientifiques aussi objectivement que possible et, par son expérience, aider au choix qui doit toujours incomber au décideur. Cet équilibre n'est pas forcément simple à trouver. Divers éléments peuvent venir compliquer le processus : l'importance des incertitudes scientifiques ; la divergence d'avis entre experts ; etc.

Une autre série de questions éthiques peut être évoquée au moyen d'un numéro de l'hebdomadaire *La Vie* en date du 4 au 10 février 2010. A la une, on trouve la question « *Les experts nous manipulent-ils ?* ». En titre de la série d'articles consacrés à cette question, on peut lire « *Grippe A, changements climatiques... les conseillers sont contestés pour leurs erreurs et leurs liens avec les industriels* ».

Il y a là deux problèmes différents. Le premier concerne la question de l'erreur. On l'a vu, même dans le domaine scientifique, on n'est pas à l'abri d'une erreur, et de plus, la science ne peut s'affranchir de certaines limitations intrinsèques. Elle ne peut donc pas être considérée comme apportant une vérité absolue.

L'autre problème est celui du conflit d'intérêts -un expert qui aurait intérêt à défendre un point de vue plutôt qu'un autre. Dans le cas de la grippe A, ce serait par exemple un expert médical qui aurait des liens avec l'industrie pharmaceutique ; dans le cas du réchauffement climatique, un expert ayant des liens avec l'industrie pétrolière. Il y a là aussi une source de biais dont il faut se prémunir.

Notons une différence de taille entre ces deux problèmes : le premier est interne à la science, et inévitable ; le deuxième est le fruit de comportements humains déviants, de triches volontaires –malheureusement peut-être inévitables aussi, mais pour d'autres raisons…

Evoquons aussi la problématique du « lanceur d'alerte » : « *Le lanceur d'alerte se trouve à un moment donné, confronté à un fait pouvant constituer un danger potentiel pour l'homme ou son environnement, et décide dès lors de porter ce fait au regard de la société civile et des pouvoirs publics* »[111]. Quelle doit être l'attitude des chercheurs lorsqu'ils estiment que des recherches scientifiques sont porteuses de danger, et qu'ils ont du mal à faire entendre leur point de vue ? Le recours aux médias est-il légitime pour faire valoir leurs positions ?

D'un côté, j'ai plaidé plus haut pour que les scientifiques contribuent à réfléchir aux implications de leur travail. Il semble alors naturel de considérer que ces réflexions puissent éventuellement déboucher sur un lancer d'alerte.

D'un autre côté, la polémique sur le réchauffement climatique qui s'est déroulée ces dernières années par médias interposés montre les limites de l'exercice. Lorsque des experts avancent des arguments plus complexes les uns que les autres dans les médias, le grand public est incapable d'en évaluer la pertinence et de se positionner. La situation devient alors extrêmement confuse, car résultats scientifiques et opinions sur le sujet se trouvent inextricablement mêlés. Il me semble qu'un préalable serait que les résultats scientifiques soient validés par la communauté scientifique avant d'être diffusés dans les médias.

Autre aspect du problème, il peut y avoir des obstructions au lancer d'alerte : les lanceurs d'alerte doivent parfois faire face à de multiples oppositions, voire à des pressions lorsque les enjeux (commerciaux ou autres conflits d'intérêts) sont importants. La liberté d'expression, déjà évoquée, doit là aussi me semble-t-il être affirmée. Ainsi, Christian Vélot, chercheur en génétique qui milite contre les OGM, se dit être l'objet de pressions et de brimades multiples de la part ce sa hiérarchie depuis ses prises de position[112].

Le problème du lancer d'alerte est donc délicat. Si d'un côté, « *la proposition d'une loi instituant la protection des lanceurs d'alerte est inscrite dans les conclusions du Grenelle de l'environnement* », d'un autre côté, « *il faut aussi protéger le processus d'expertise. Il importe de poser les principes du traitement effectif des alertes dans un cadre procédural rigoureux* »[113].

Dans le passé, le monde étant relativement peu technicisé, les prises de décision –qu'elles soient éthiques ou non-mobilisaient peu de connaissances scientifiques. Aujourd'hui, la situation a changé, et de nombreuses décisions nécessitent la prise en compte d'aspects techniques. Les décisions d'ordre moral ne sont pas épargnées, et le savoir scientifique nécessaire à la réflexion éthique devient considérable. Pour Hans Jonas[114], ce besoin est tel qu'il doit nous conduire à modifier notre façon d'envisager l'éthique.

Les implications de la connaissance scientifique

A côté de leurs applications, les résultats scientifiques contribuent à la connaissance que nous avons du monde, et ont de ce fait ce que j'appelle des *implications,* dont j'examine ici les enjeux éthiques.

Il est clair, je crois, que depuis sa naissance au XVIIe siècle, la science a apporté de nombreux éclairages sur le fonctionnement de la Nature, et a de ce fait modifié le rapport que nous avons avec elle. Ces éclairages peuvent avoir des répercussions importantes sur notre vision du monde. Ainsi, au XVIIe siècle, la révolution copernicienne que j'ai déjà évoquée, en suggérant que la Terre tournait autour du Soleil au sein d'un univers infini, plongea les hommes de cette époque dans un grand désarroi, comme en témoigne la fameuse phrase de Pascal « *Le silence éternel de ces espaces infinis m'effraie* », ou bien cet extrait du poète anglais John Donne[115] :

La philosophie nouvelle rend tout incertain
L'élément du feu est tout à fait éteint

Le soleil est perdu et la Terre : et personne aujourd'hui
Ne peut plus nous dire où chercher celle-ci.
Les hommes confessent franchement que ce monde est fini
Lorsque dans les planètes et le firmament
Ils cherchent tant de nouveau, puis voient que celui-ci
Est dissous à nouveau dans les atomies.
Tout est en morceaux, toute cohérence disparue.
Plus de rapports justes, rien ne s'accorde plus.

Un exemple plus récent provient des bouleversements apportés par les sciences de la nature à la perception de la vie depuis le XIXe siècle. La conception de l'être humain comme une espèce supérieure et à part de toutes les autres qui prévalait alors, a été mise à mal par la théorie de l'évolution proposée par Darwin. Celle-ci considère l'homme, au même titre que tous les autres êtres vivants, comme le fruit de modifications aléatoires et de transformations d'espèces successives. Plus tard, la biochimie, qui s'intéresse aux interactions chimiques à l'œuvre dans le processus de la vie, est venue mettre en question la frontière entre êtres vivants et matière inanimée. Les neurosciences, qui étudient notre système nerveux du point de vue de la circulation de courants électriques et d'interactions chimiques, ont fait de même en se confrontant à ce qui a, depuis toujours, été considéré comme une spécificité de notre dignité : notre cerveau. Ces multiples découvertes conduisent à nous interroger sur le sens profond de la vie et de l'existence humaine.

Quelle responsabilité ont les chercheurs dans les implications de leurs découvertes ? Les arguments que j'ai développés dans le paragraphe concernant les applications peuvent s'appliquer ici également : étant les acteurs du développement de la connaissance, il me paraît difficile d'affranchir les chercheurs d'une part de responsabilité à ce niveau.

Cette responsabilité ne me paraît pas envisageable en termes de responsabilité-imputabilité : le chercheur qui élabore la connaissance ne pose pas un acte dont on peut mesurer les conséquences. Il me paraît plus légitime d'aborder la question sous l'angle de la responsabilité-devoir. Les chercheurs, au cœur du processus d'élaboration de la connaissance, peuvent utilement contribuer à mettre celle-ci en perspective, à cerner ses limites, à en approcher le sens et les implications, et à éclairer le grand public.

Pour Richard Ernst[116], prix Nobel de chimie en 1991, les scientifiques –européens tout spécialement- du service public sont particulièrement bien placés pour ce genre de tâche : ils ont la sécurité de l'emploi ; ils ont la liberté de penser ; par leur métier, ils sont habitués à réfléchir et avancer vers la vérité. Les universitaires seraient les mieux placés, car ils pourraient évoquer les enjeux éthiques de leurs disciplines lors de leur enseignement.

Quand la connaissance scientifique peine à faire sens

Si la science a de nombreuses implications, elle peine néanmoins parfois à faire sens, et il me semble intéressant d'explorer les questions que cela soulève.

Une première série de difficultés que peut rencontrer la science pour faire sens provient de ses limites. J'en ai indiqué un certain nombre au chapitre précédent, mises en lumière en particulier par l'épistémologie -recours à des postulats, difficultés de validation des théories- ou par la sociologie – influences non-scientifiques multiples auxquelles sont soumis les chercheurs. Il résulte de tout cela une certaine difficulté à comprendre la nature même de la connaissance scientifique. Pour illustrer cela, j'ai choisi de décrire succinctement deux visions qui, depuis l'Antiquité, proposent des visions particulièrement opposées sur le sujet : le réalisme et l'instrumentalisme[117].

Pour les réalistes, les théories scientifiques décrivent ce à quoi ressemble réellement le monde. Du côté des réalistes célèbres, on trouve, dans l'Antiquité, Aristote, ou, plus récemment, Galilée. Le positionnement de ce dernier apparaît de façon spectaculaire lors de son procès devant l'Inquisition.

Après avoir « reconnu » son erreur d'avoir soutenu les thèses coperniciennes, il aurait murmuré « *et pourtant, elle tourne* ». Pour lui, la théorie copernicienne décrit la réalité. D'un point de vue réaliste aussi, les forces invoquées dans mon analyse théorique du problème nord existent bel et bien dans la nature, et leur déséquilibre est la cause réelle de la formation des tourbillons.

Le réalisme a ses faiblesses. Il ignore les nombreux postulats qui émaillent les théories physiques. De plus, comme les théories mettent en œuvre des concepts issus de l'esprit humain, leur interprétation passe aussi par le filtre de notre esprit.

Les instrumentalistes ont une autre conception des théories scientifiques. Pour eux, elles ne sont que des instruments conçus pour relier entre eux deux états observables. Du côté des instrumentalistes célèbres, on trouve dans l'Antiquité Platon, ou, plus récemment, Osiander, préfacier de *Des révolutions des orbes célestes,* ouvrage dans lequel Copernic décrivit sa théorie héliocentrique de l'univers qui énonce que c'est autour du Soleil, et non la Terre, que tournent les planètes. Osiander écrivit : « *Il n'est pas nécessaire que (...) [les hypothèses formulées] soient vraies ou même vraisemblables ; une seule chose suffit : qu'elles offrent des calculs conformes aux observations* »[118]. Il s'épargnait ainsi, de même qu'à Copernic, toute querelle avec l'Eglise…

J'ai évoqué, dans le même ordre d'idées, la position de Newton sur le fonctionnement de la gravité. Enfin, plus récemment, le physicien W. Heisenberg écrit que « *ce que nous observons, ce n'est pas la Nature en soi, mais la Nature exposée à notre méthode d'investigation* »[119]. D'un point de vue instrumentaliste, ma théorie permettrait donc de rendre compte de la formation de tourbillons au moyen des équations et des simulations numériques, mais elle ne s'intéresse pas au fait de savoir si réellement le courant sortant vers la droite exerce une force qui doit être équilibrée par celle des tourbillons.

Cette approche me paraît plus satisfaisante que la précédente même si elle possède, elle aussi, des limites. En particulier, elle opère une distinction assez nette entre observations et théorie, distinction dont j'ai montré le caractère contestable.

Paradoxalement, l'accumulation d'informations scientifiques est aussi une limite que rencontre la science pour faire sens. Ce problème a été identifié par plusieurs auteurs. M. Weber écrit ainsi que[120] :

> L'homme civilisé (...) placé dans le mouvement d'une civilisation qui s'enrichit continuellement de pensées, de savoirs et de problèmes, peut se sentir las de la vie et non pas comblé par elle. En effet, il ne peut jamais saisir qu'une infime partie de tout ce que la vie de l'esprit produit sans cesse de nouveau, il ne peut saisir que du provisoire et jamais du définitif. C'est pourquoi la mort est à ses yeux un événement qui n'a pas de sens. Et parce que la mort n'a pas de sens, la vie du civilisé comme telle n'en a pas non plus, puisque du fait de sa progressivité dénuée de signification, elle fait également de la vie un événement sans signification. Dans les dernières œuvres de Tolstoï, on trouve partout cette pensée qui donne le ton à son art.

E. Morin, dans *Science avec conscience*[121], puis dans *La méthode*[122], prolonge cette réflexion. Il constate lui aussi que les connaissances scientifiques s'accroissent : « *Depuis trois siècles, la connaissance scientifique ne fait que prouver ses vertus de vérification et de découverte par rapport à tout autre mode de connaissance (...). Elle a apporté, et singulièrement dans ce siècle, un fabuleux progrès dans notre savoir.* » [123]. Pourtant, pour E. Morin, on atteint aujourd'hui une limite : « *la connaissance a besoin de structures théoriques pour pouvoir donner sens aux informations* »[124]. La science contemporaine nous fournit une multitude d'informations, mais

> celui qui voudrait être « honnête homme » au XXe siècle est affronté à un nombre incroyable d'informations qu'il ne peut connaître ni même contrôler ; ses possibilités d'articulation sont fragmentaires ou ésotériques, c'est-à-dire qu'elles relèvent de compétences spécialisées ; il a une très faible possibilité de réflexion, parce qu'il n'a plus le loisir ou le désir de réfléchir. (...) De plus, il y a un autre problème qui est celui-ci (...) : le progrès des connaissances spécialisées qui ne peuvent plus communiquer les unes avec les autres entraîne une régression de la connaissance générale.

Ainsi, pour E. Morin, si le mode de développement de la connaissance scientifique reposant sur la spécialisation des chercheurs et l'organisation de la recherche en disciplines a été la source de progrès considérables depuis le XVIIe siècle, ce mode montre aujourd'hui ses limites. Il propose alors une nouvelle approche basée sur la « complexité », qu'il développe dans son ouvrage *La méthode* cité plus haut. La complexité a pour objet de réarticuler les savoirs aujourd'hui trop dispersés.

Par exemple, de nos jours, la mécanique quantique pose des problèmes d'interprétation : A. Wallace en a ainsi recensé huit différentes[125] ! Ainsi, une particule peut être vue comme une onde ou comme une particule : l'électron peut avoir un comportement particulaire dont on sait mesurer l'impact, la charge, etc. ; mais ses propriétés ondulatoires sont tout aussi bien établies, qui se manifestent par exemple dans le phénomène de diffraction. Cette dualité onde-particule n'est pas simple à appréhender dans le contexte épistémologique actuel.

Ainsi, il y a parfois un vide, un trou, entre les résultats scientifiques et le sens que l'on peut en tirer. « *Quelque chose échappe* », comme l'écrit T. Magnin[126]. Décider alors de « *faire sens sur fond de non-sens* », comme l'écrit à nouveau T. Magnin, est un choix éthique. Cela suppose d'adopter une posture par rapport à la science et par rapport à ce qu'elle est susceptible de nous dire : choisir le réalisme, qui estime que la science permet de décrire la réalité du monde, ou l'instrumentalisme, qui considère que la science ne fait que relier entre elles des observations, ne conduit pas aux mêmes conclusions.

Ce vide laisse aussi la place à d'autres formes de connaissances, qui peuvent venir compléter les apports de la science : religions, mythes, voire arts pourraient ainsi retrouver une certaine légitimité. Je suis par exemple souvent surpris combien dans notre pays de nombreux médecins n'utilisent que la médecine occidentale, et n'envisagent même pas que des approches non-scientifiques puissent aussi être pertinentes. Pourtant, par exemple, l'acupuncture montre son efficacité dans bien des pathologies.

Approfondissons ces thèmes avec les regards de deux penseurs d'horizons différents : un philosophe des sciences et un anthropologue.

Pour le philosophe des sciences P. Feyerabend[127], la science doit être considérée comme un des moyens de développer la connaissance, mais pas le seul.

Il s'intéresse ainsi aux mythes[128]. Ne visent-ils pas, eux aussi, « *la recherche d'une unité cachée sous une apparente complexité* » ? Faisant un parallèle serré entre la démarche scientifique et la démarche mythique, Feyerabend estime que les mythes sont « *infiniment supérieurs à ce que les rationalistes sont prêts à admettre* ».

Il montre aussi que les connaissances scientifiques elles-mêmes doivent beaucoup à d'autres domaines non-scientifiques : « *Ne devons-nous pas admettre que la technologie a fait d'énormes progrès depuis l'avènement de la science moderne ? (...) Ces questions n'ont de portée polémique que si l'on suppose les résultats de la science, que personne ne nie, apparus sans aucune aide d'éléments non-scientifiques (...). Que les procédés* non-scientifiques *tels que la connaissance des plantes possédée par les sorcières et les charlatans, l'astronomie des mystiques, les soins donnés aux malades dans les sociétés primitives, sont absolument sans mérite.* ».

Enfin, Feyerabend souligne qu'il n'est pas souhaitable pour un être humain de regarder le monde uniquement avec les lunettes de la raison. La raison ne reconnaîtrait ni la haine, ni l'amour, ni le bonheur. « *Si nous considérons les intérêts de l'homme et, par-dessus tout, la question de sa liberté (être libéré de la faim, du désespoir, de la tyrannie de systèmes de pensées constipés (...)), alors on procède là de la plus mauvaise manière* ». Au nom de la liberté, de la créativité, de tout ce qui n'est pas rationalisable en l'homme, il conviendrait de desserrer l'emprise de la science sur nos sociétés.

En conclusion, pour Feyerabend,

> la science (…) est l'une des nombreuses formes de pensée qui ont été développées par l'homme, mais non nécessairement la meilleure. La science est indiscrète, bruyante, insolente ; elle

n'est essentiellement supérieure qu'aux yeux de ceux (...) qui l'ont acceptée sans en avoir jamais étudié ses avantages et ses limites. Et comme c'est à chaque individu d'accepter ou de rejeter des idéologies, il s'ensuit que la séparation de l'Etat et de l'Eglise doit être complétée par celle de l'Etat et de la science.

Il s'insurge contre ce qu'il considère être une domination de la science sur les autres formes de pensée : doit-on attribuer à la science le droit exclusif de traiter la connaissance ? « *A cette question, ma réponse est un NON ferme et retentissant* ». Le sous-titre du livre de Feyerabend est clair, il s'agit d'une « *Esquisse d'une théorie anarchiste de la connaissance* ».

Cette position, peut-être un peu extrême, montre les choix qui peuvent s'opérer face aux limites de la connaissance scientifique.

Dans son livre *Pour ne pas disparaitre : pourquoi nous avons besoin de la sagesse ancestrale*[129], l'anthropologue W. Davis montre la variété et la richesse des cultures et des modes de connaissance existant sur notre planète.

Les nombreux peuples que W. Davis a étudiés à travers le monde « *nous enseignent tous qu'il existe d'autres options, d'autres possibilités d'autres façons de penser et d'interagir avec la planète* »[130], et que

> toutes les cultures partagent en essence une même acuité mentale, un même génie brut. Que ce potentiel et ces capacités intellectuelles s'expriment par la réalisation d'œuvres stupéfiantes d'innovation technologique, comme l'Occident a si bien réussi à le faire, ou par le désenchevêtrement des fils de la mémoire qui tissent les mythes, comme chez les Aborigènes d'Australie, c'est simplement une affaire de choix et d'orientation, de conscience adaptative et de priorités culturelles[131].

Chez les Aborigènes d'Australie, justement,

> le Rêve répondait à la question du pourquoi comme à celle du comment. (...) L'être humain n'avait pas pour obligation d'améliorer la nature, mais d'entretenir le monde. Préserver concrètement le territoire était la priorité absolue de tous les Aborigènes. C'était une idéologie fondamentalement conservatrice. Mon propos n'est pas de dire si elle était bonne ou mauvaise. Mais elle avait des conséquences. A l'évidence,

> si l'humanité tout entière avait suivi intellectuellement [cette] voie (...) l'homme ne serait pas allé sur la Lune. Mais, d'un autre côté, si nous avions tous agi dans le respect du Rêve, nous ne serions pas en train d'observer les conséquences de processus industriels qui, en tout état de cause, menacent les supports de vie mêmes sur Terre[132].

Ainsi, pour W. Davis, la démarche scientifique n'est « *qu'un moyen de connaissance parmi d'autres et elle n'a pas pour mission de générer des vérités absolues, mais de susciter une meilleure réflexion sur les phénomènes* »[133]. La vision occidentale du monde, imprégnée de science et de technique, est une possibilité qui a ses avantages (elle a conduit à développer une médecine performante), mais aussi ses limites (comme le saccage de la planète).

De cette réflexion sur la recherche de sens, deux éléments me paraissent importants. Le premier est la nécessaire articulation *des* connaissances scientifiques pour permettre un réel progrès qualitatif de *la* connaissance, et la difficulté croissante d'y parvenir à mesure que la quantité d'informations scientifiques s'accroît. En même temps, il semble difficile de ne pas conserver une approche scientifique par disciplines : d'une part parce que la masse de connaissances à ingurgiter préalablement à tout travail de recherche est de plus en plus considérable, et d'autre part parce que les méthodes d'investigation diffèrent d'une discipline à l'autre[134]. Il y a là une tension sur laquelle je reviendrai.

Le deuxième élément est que la science a pris une place considérable en Occident, qui parfois a tendance à faire oublier ses limites, et à rejeter les autres approches. Il me semble nécessaire de permettre à chaque approche d'occuper une juste place, pour permettre à chacun de faire le cheminement qui lui convient.

La diffusion de la connaissance scientifique

Etudier le devenir des résultats scientifiques et son impact sur notre société suppose de s'intéresser également à leur modalité de diffusion auprès du grand public.

Nous avons rencontré un certain nombre d'éléments qui me semblent plaider en faveur d'une diffusion régulière des résultats scientifiques auprès du grand public. (1) La connaissance scientifique contribue au développement d'applications aux conséquences parfois lourdes, chargées d'enjeux éthiques importants, qui nous concernent tous. (2) Elle a aussi des implications, des répercussions sur la conception que nous nous faisons du monde, et contribue au sens que nous donnons à notre existence. Ces implications font de la science une part de la culture[135]qui, à ce titre, mérite d'être diffusée. (3) La diffusion de la connaissance auprès du grand public peut aussi être vue comme une contrepartie légitime de l'existence de chercheurs fondamentaux financés sur fonds publics, comme il y en a beaucoup en France et dans le monde. Une des vocations de ces chercheurs est en effet d'assouvir notre curiosité à tous –pas seulement la leur. (4) Enfin, à côté de ces premières raisons qui se situent en aval de la recherche, il y en a d'autres, en amont cette fois. J'ai montré que certains sujets de recherche posaient question, et que leur adoption ou non méritaient d'être soumise à la société. Pour prendre ce type de décisions, il faut du discernement, qui passe par une connaissance préalable des enjeux ainsi que des recherches auxquelles ils font suite.

Un certain nombre de textes portant sur le statut de chercheur plaident d'ailleurs pour la diffusion des résultats scientifiques. Ainsi, la *Charte européenne du chercheur,* du 11 mars 2005 « *a pour objectif d'assurer que les relations entre les chercheurs et les employeurs ou bailleurs de fonds soient de nature à favoriser la réussite en ce qui concerne la production, le transfert, le partage et la diffusion des connaissances (...)* »[136]. Elle précise que « *Les chercheurs devraient veiller à ce que leurs activités de recherche soient portées à la connaissance de la société dans son ensemble de telle sorte qu'elles puissent être comprises par les non-spécialistes, améliorant ainsi la compréhension de la science par la société. L'engagement direct avec le grand public aidera les chercheurs à mieux comprendre l'intérêt de la société pour les priorités en science et technologie, ainsi que ses préoccupations* ». De même, en France, le *Code de la recherche*[137] mentionne la diffusion de la recherche à plusieurs reprises, et en particulier en son premier article L111-1 : « *La politique de la recherche (...) vise à l'accroissement des connaissances, à la valorisation des résultats de la recherche, à la diffusion de l'information scientifique* » ; l'article L411-1 précise par ailleurs que « *Les personnels de la recherche concourent à une mission d'intérêt national. Cette mission comprend (...) la diffusion de l'information et de la culture scientifique et technique dans toute la population, et notamment parmi les jeunes* ».

Si la diffusion des résultats scientifiques semble nécessaire, si elle est même parfois inscrite dans le marbre de la profession de chercheur (au moins public), elle n'est pas forcément très développée, comme l'ont constaté implicitement les Etats généraux de la recherche de 2004 qui indiquent qu'il est « *nécessaire de mettre en place des canaux de diffusion organisés, sans se limiter aux services de communication* »[138]. En fait, il me semble que cette diffusion doit faire face à un certain nombre de difficultés que j'évoque maintenant.

Qui doit s'atteler à cette diffusion ? Si les chercheurs eux-mêmes sont incontournables, doivent-ils être les seuls ? La diffusion scientifique réclame du temps, des talents, du goût aussi, que n'ont pas forcément les chercheurs. Se mettre à la portée des non-initiés, les intéresser, n'est pas non plus chose facile. Pourraient alors intervenir ici des gens dont c'est le métier –et donc la responsabilité- de diffuser l'information auprès du public : c'est le cas des journalistes, qui ont ici aussi un rôle à jouer ; c'est le cas aussi des musées –tel Océanopolis, à Brest, dans le domaine de l'océanographie. Une diffusion efficace des résultats scientifiques doit faire collaborer l'ensemble de ces acteurs.

J'ai montré aussi que, pour faire sens, la connaissance scientifique méritait d'être décloisonnée et donner lieu à des croisements, que cela soit avec d'autres disciplines scientifiques, ou avec même d'autres modes de connaissance. Il faut aller dans le même sens au niveau de sa diffusion : il ne s'agit pas de rendre compte du contenu d'un article scientifique, ultra pointu et sans intérêt pour le grand public, mais plutôt de faire le point sur une question, de croiser les savoirs.

Nous avons évoqué les difficultés qui entourent l'élaboration de la connaissance scientifique, et, en conséquence, ses limites. Dès lors, chercher à présenter ces résultats au grand public peut sembler problématique : quelle connaissance présenter ? Quels résultats peuvent-ils être jugés suffisamment valables pour être diffusés ? Il n'y a pas là de règle simple, si bien que l'éthique a un rôle important à jouer ici encore. Il faut là faire preuve d'un certain discernement, d'un certain recul.

Par ailleurs, les objectifs de la diffusion de la connaissance doivent rester ceux que j'ai énoncés plus haut. Or il est clair que d'autres motivations peuvent se faire jour : tentation de la célébrité, du pouvoir, de l'argent, etc. Souhaite-t-on véritablement informer le public parce que c'est important ? Ou accroître le soutien du public pour la science en l'y intéressant ? Ou se faire connaître ? La volonté louable de présenter des résultats de manière attrayante, mais aussi la quête de la renommée, ou bien d'autres raisons encore, peuvent donner lieu à divers types de dérive : la simplification outrancière, une modification de la perception des enjeux, une impression que la science sait tout, etc. Ce type de dérive est, de nos jours, renforcé par le pouvoir de l'image. Par exemple la représentation du virus du sida sous la forme d'une boule dardée de picots a été créée de toutes pièces. *In fine*, la séduction, en abaissant le niveau de l'esprit critique, empêche la communication réelle, qui est l'enjeu fondamental de la diffusion des connaissances[139].

Enfin, la diffusion de la connaissance requiert une liberté fondamentale : la liberté d'expression. Les chercheurs doivent avoir le droit de dire, d'écrire, de publier ce qu'ils ont trouvé. Cette liberté n'est pas toujours compatible avec d'autres impératifs. Par exemple, pour le chercheur travaillant dans une institution militaire, ce besoin de publier peut s'opposer à un autre besoin, celui du secret.

Abordons maintenant un aspect particulier de la diffusion de la connaissance scientifique : celle opérée par l'enseignement. Je n'ai pas l'ambition de passer en revue l'ensemble des programmes de l'éducation nationale.... et j'aborderai ici uniquement le rôle que peuvent jouer les chercheurs, en m'appuyant sur ce que j'ai reçu moi-même comme formation : je distinguerai simplement « l'enseignement des bases » de « l'enseignement spécialisé ».

J'appelle « l'enseignement des bases » celui que j'ai reçu, *grosso modo*, jusque dans les premières années d'enseignement supérieur. Il concerne des notions scientifiques considérées comme stabilisées, sur lesquelles il n'y a plus débat, réflexion au sein de la communauté scientifique. Ce sont des connaissances élaborées assez anciennement. En physique, par exemple, il me semble que les connaissances les plus récentes que j'y ai reçues datent du début du XXe siècle (théorie de la relativité, structure de l'atome)*. Il ne me semble pas que les chercheurs aient un rôle particulier à jouer dans cet enseignement.

« L'enseignement spécialisé » est transmis aux étudiants relativement avancés, qui sont en train de se spécialiser eux-mêmes en vue d'une profession scientifique. Cet enseignement doit se tenir à jour des dernières avancées et il faut des enseignants en permanence au courant des progrès de leur discipline. Il est donc nécessaire que des chercheurs (pas forcément *chaque* chercheur) s'impliquent dans ce type d'enseignement. C'est pourquoi nombre d'institutions de

---

* Notons d'ailleurs que cet enseignement des bases contient parfois des notions révolues (la structure de l'atome enseignée est le modèle planétaire, supplanté pourtant par la mécanique quantique depuis le milieu du XXe siècle).

formation de haut niveau (universités, grandes écoles, etc.) emploient des enseignants-chercheurs –tant pour l'enseignement lui-même, que pour la définition de leur contenu. J'ai ainsi expliqué avoir été amené, dans les toutes premières années qui ont suivi mon doctorat, à enseigner à des étudiants de Master 2 certains résultats obtenus au cours de ma thèse.

Notons enfin que la frontière entre les connaissances considérées comme stabilisées et les autres n'est pas forcément très précise. Pour la définir, T. Kuhn a proposé un critère relativement simple, basé sur la forme que prend leur diffusion : les connaissances suffisamment affermies sont publiées dans des livres, les connaissances en cours d'élaboration le sont dans des articles scientifiques[140].

Autre aspect de l'enseignement, qui implique directement les chercheurs : de nombreux étudiants sont accueillis dans les laboratoires de recherche pour effectuer des stages, de quelques semaines pour les étudiants de Licence et Master, à trois, quatre, voire cinq ans pour les doctorants qui y suivent leur doctorat, premier grand travail de recherche, supervisé par un chercheur chevronné. Au cours de ces stages, les chercheurs transmettent certes des connaissances scientifiques, mais l'essentiel de leurs rôles s'apparente plutôt à celui d'un guide et d'un exemple. Guide dans la façon d'aborder un sujet de recherche, dans le choix de méthodes appropriées, dans la démarche de rigueur scientifique, etc. Exemple pour la manière de conduire ses recherches avec honnêteté, rigueur, esprit critique, etc. Les stagiaires sont donc formés par la recherche, et cette formation n'a pas pour vocation la simple transmission de connaissances ou de savoir-faire, mais, plus profondément, de savoir-être : le chercheur y a une responsabilité d'autant plus grande, ainsi que l'a noté D. Resnik[141] par exemple.

VI. Synthèse, propositions… et conclusion

Ce dernier chapitre se déroule en deux temps. Dans un premier temps, je tenterai de synthétiser les problématiques éthiques rencontrées dans les chapitres précédents. Dans un deuxième temps, je ferai quelques propositions concrètes qui pourraient aider les chercheurs à mieux prendre conscience de ces dilemmes, et à mieux les affronter.

La recherche au carrefour de nombreuses valeurs

Je voudrais ici rassembler les résultats de mon analyse des enjeux éthiques de la recherche en énonçant –dans un ordre un peu aléatoire- les valeurs qui me semblent en émerger[142]. Cette présentation permet une autre approche des tensions éthiques auxquelles sont confrontés les chercheurs, en les percevant comme le résultat de confrontations entre ces valeurs.

Comme l'écrit A. Goldman dans son article du *Dictionnaire d'éthique et de philosophie morale* consacré à l'éthique professionnelle[143], les professionnels sont définis (entre autres) « *par leur attachement à une valeur fondamentale qui est l'objet même de leur expertise, de leur formation, des besoins de leurs clients et, par conséquent, de leurs prestations. Cette valeur peut être la santé pour les médecins (...), l'information du public pour les journalistes* ». En ce qui concerne les chercheurs, je pense que cette valeur fondamentale est la **vérité**.

Les chercheurs tentent de décrire la nature, son fonctionnement, avec le souci de la vérité. Cette assertion peut sembler simple au premier abord. Elle cache pourtant des difficultés. En arrière-plan se trouve en effet la question du type de connaissance que nous apporte la science sur la nature. Pour les uns –les réalistes- la science décrit la réalité ; pour d'autres –les instrumentalistes- la science n'est qu'un simple moyen de relier nos observations. L'une et l'autre option peuvent néanmoins prétendre à la vérité : la première, comme description de ce qui est, la deuxième, comme rendant compte efficacement de son fonctionnement.

Atteindre la vérité suppose de travailler avec **honnêteté** : de ne pas falsifier ses résultats. Comme partout, il y a dans le monde de la recherche des tricheurs, et on observe des dérapages plus ou moins importants – j'ai cité l'affaire Hwang comme exemple. Ce type de malhonnêteté volontaire est sans doute impossible à empêcher, tout au plus peut-il être sanctionné. Il est important néanmoins de sensibiliser les chercheurs à des aspects moins flagrants de la malhonnêteté. Nous en avons vu des exemples : éliminer des données dans une analyse peut être fait plus ou moins soigneusement. L'honnêteté me paraît être une valeur assez centrale pour la recherche, car ne pas la respecter et produire des résultats faux revient directement à ne pas réaliser la valeur centrale de la recherche, ce pour quoi elle existe : la vérité.

Si l'honnêteté est indispensable, elle n'est pas la seule garante des bons résultats. J'ai énoncé un certain nombre de qualités que le chercheur devait posséder pour mener à bien son travail : rigueur, esprit critique, imagination, patience, etc. Toutes ces qualités sont nécessaires dans la conduite des recherches, et il me semble qu'on peut les rassembler autour d'un terme proposé par D. Resnik, « *carefulness* », que je traduirai par **soin**.

Les chercheurs, comme tous les salariés, ont un devoir d'**efficacité**. Ils doivent justifier leur salaire et tous les frais que leurs travaux occasionnent : déplacements, abonnements à des revues, achats de matériels... Dans certaines disciplines, ces derniers peuvent atteindre des montants considérables : du télescope spatial à l'accélérateur de particules, en passant par le navire océanographique, les exemples sont nombreux. La mesure de cette efficacité est loin d'être facile. Trouver n'est pas forcément le seul critère à prendre en compte. Il y a là un sujet de réflexion important pour les instituions qui emploient des chercheurs, j'y reviendrai un peu plus loin. Notons enfin que ce souci d'efficacité ne concerne pas que les chercheurs, mais peut se retrouver à différents échelons de la recherche. Les organismes de recherche –entreprise, institutions publiques, etc.- ont aussi ce souci. Ainsi, dès l'origine de l'océanographie militaire, le souci de l'efficacité a eu sa traduction institutionnelle : le besoin d'optimiser les ressources de la Nation avait conduit les fondateurs du Cmo à recommander[144] d' « *explorer toutes les possibilités de coopération concrète, notamment avec l'IFREMER et la Météorologie Nationale en vue de déterminer les contours initiaux d'un futur Groupement d'Intérêt Public (GIP)* ». La création déjà évoquée de l'organisme Mercator, destiné à prévoir l'océan comme Météo France prévoit l'atmosphère, par cinq associés (Cnrs, Ifremer, Ird, Météo France, et Shom) allait dans le même sens.

La diffusion des résultats obtenus par un chercheur au sein de l'ensemble de la communauté scientifique joue un rôle important dans le cheminement général de la recherche : elle permet le contrôle de la qualité de ces résultats, et elle permet à l'ensemble des chercheurs d'en bénéficier. C'est ce besoin de diffusion que je dénomme **transparence**, et que le sociologue R. K. Merton avait baptisé « communalisme ». Elle est institutionnalisée au sein de la communauté scientifique, et constitue une de ses forces. Elle passe par la publication d'articles dans des revues spécialisées, par la participation à des colloques, par les échanges avec d'autres chercheurs, etc.

La valeur **loyauté** apparaît dans plusieurs contextes. Les chercheurs sont de nos jours pour la plupart des salariés, que ce soit d'institutions publiques ou privées. Ils ont alors un devoir de loyauté vis-à-vis de leur employeur, qui peut prendre différentes formes. Par exemple, certains employeurs accordent une grande liberté de manœuvre aux chercheurs qu'ils emploient, d'autres ont des objectifs très ciblés ; certains demandent à leurs chercheurs de travailler dans le secret, d'autres non. Les chercheurs peuvent aussi avoir un devoir de loyauté vis-à-vis d'organismes extérieurs auprès desquels ils auraient obtenu des financements pour leurs projets.

J'ai énoncé à de nombreuses reprises le rôle qu'avait le **goût personnel** des chercheurs dans l'avancement de la recherche : goût pour tel ou tel type de sujet, pour poursuivre des pistes débusquées lors de précédents travaux, préférence pour tel ou tel type de méthode. Le goût personnel est utile dans bien des métiers : on travaille toujours mieux quand on est motivé. Il me semble jouer un rôle particulièrement important chez les chercheurs. L'exploration de l'inconnu est souvent ardue, et elle avance grâce à leur curiosité, à leur envie de découverte. Sans elles, ils ne déploieraient pas toute l'imagination requise.

Les chercheurs, à l'instar de tous les être humains, ont besoin de **reconnaissance**. Elle contribue à leur bien-être et à leur motivation. Mais cette reconnaissance n'est pas seulement utile à leur ego, elle leur permet aussi d'avancer dans la hiérarchie de l'institution, d'obtenir des financements –les bailleurs de fonds ouvrent plus facilement leur bourse à des chercheurs reconnus, etc. Elle est donc, dans une certaine mesure, nécessaire au travail des chercheurs. Cette reconnaissance passe par de nombreux canaux. En interne à la communauté scientifique, la renommée d'un chercheur se fait petit à petit, principalement en fonction de la qualité de ses publications. Au sein de son institution, il y a bien souvent des procédures d'évaluation. Les bailleurs de fonds s'appuient sur la renommée scientifique des chercheurs –les comités de sélection étant bien souvent composés de scientifiques- ou sur les résultats de financements précédents.

Les chercheurs doivent faire preuve de **modestie** à plusieurs égards. En premier lieu, la modestie est nécessaire à tout moment dans le travail même de recherche. La modestie aide à avancer avec soin, à vérifier les hypothèses, les calculs, à ne pas être trop vite convaincu qu'on a élaboré une théorie géniale ! En bref, elle me semble être un ingrédient nécessaire à un travail mené avec soin, autre valeur que j'ai énoncée plus haut. Mais la modestie intervient aussi sur un plan plus large. Elle invite à prendre du recul sur la science elle-même, sur ce qu'elle peut apporter, à prendre conscience de ses limites. Elle invite ainsi à une ouverture vers d'autres formes de connaissance.

Une valeur que nous avons fréquemment rencontrée est la **responsabilité**, dont nous avons montré le caractère individuel et collectif dans le monde de la recherche. Pour mieux cerner les contours de la responsabilité individuelle, j'ai eu recours à deux concepts de responsabilité, que j'ai dénommés responsabilité-imputabilité (le chercheur est responsable directement des actes qu'il effectue, et responsabilité-devoir (le chercheur, par sa position au cœur de l'élaboration de la connaissance scientifique, possède une responsabilité de veilleur). La responsabilité-imputabilité du chercheur est impliquée dans les choix des sujets de recherche ; dans la façon dont il mène ses travaux ; dans les applications auxquelles il contribue directement en tant que chercheur appliqué. La responsabilité-devoir est, elle, impliquée dans les recherches fondamentales. Si leurs conséquences sont beaucoup plus difficiles à prévoir, j'ai proposé néanmoins que le chercheur y réfléchisse au fur et à mesure de ses travaux, afin que cette réflexion ait lieu le plus en amont possible.

D'autre part, le chercheur partage généralement sa responsabilité avec d'autres intervenants. C'est le cas dans le choix des sujets de recherche, puisqu'y contribuent bien souvent, à des niveaux différents, des collègues, mais aussi son employeur, l'organisme qui a financé son projet, la société en général. L'élaboration de la connaissance est également un travail collectif, car elle résulte de l'interaction de nombreux chercheurs, éventuellement répartis dans le temps et l'espace. Enfin, les répercussions de la connaissance peuvent mobiliser chercheurs, mais aussi journalistes, responsables de musées, politiques –qui s'appuient sur des expertises, etc. Il conviendra donc de prendre en considération ces aspects collectifs et voir sous quelle forme ils peuvent se décliner. Ce partage de la responsabilité a un inconvénient majeur, celui de diluer la responsabilité individuelle, à en rendre plus difficile la perception. Or, il me semble important de maintenir la conscience de la responsabilité de chacun. Il convient donc de prendre en compte ce problème.

La **liberté** est également apparue à de nombreuses reprises dans ce travail. J'ai montré l'intérêt de distinguer deux sortes de liberté : la liberté négative (l'absence d'obstacle) et la liberté positive (la possibilité de faire des choix). D'un côté (liberté négative), les chercheurs peuvent se voir opposer un certain nombre d'obstacles dans leur travail. La plupart proviennent du fait qu'ils ne sont pas seuls à participer aux choix des sujets de recherche, car employeurs, financeurs, société dans son ensemble peuvent y contribuer –ou s'y opposer. D'un autre côté (liberté positive), dans son travail d'élaboration de la connaissance, le chercheur a besoin de critiquer la connaissance déjà existante ; de développer sa créativité ; de formuler, simplifier, imaginer des solutions ; de publier ses résultats et de les soumettre à la critique. Ces deux libertés ne sont pas fondamentalement antagonistes, et on peut favoriser la liberté positive des chercheurs, qui bénéficie à leurs travaux, tout en imposant des limites « négatives ». On peut ainsi envisager une cohabitation pacifique entre la plupart des besoins.

Cette vision idéale doit être nuancée, car la liberté positive elle-même peut parfois rencontrer des limitations. Par exemple, l'accès à la connaissance déjà accumulée peut être limité pour des raisons budgétaires (les abonnements aux revues coûtent chers), ou des raisons politiques (absence de liberté) ; certains organismes, pour des raisons de secret, refusent que leurs chercheurs publient leurs résultats –les empêchant ainsi de subir le « contrôle qualité » par leurs pairs ; etc. Il faut ici que les personnes qui imposent ces limitations prennent conscience de la portée de leurs choix, qui empiètent sur le cœur du travail scientifique. Pour que la cohabitation entre tous ces besoins soit améliorée, j'ai montré l'utilité de leur clarification. Ce travail relève de l'institution dont dépend le chercheur.

Ce recensement ne prétend pas à l'exhaustivité. En particulier, à côté de ces valeurs générales, il peut y avoir des valeurs plus spécifiques, propres par exemple à une institution, ou à un projet de recherche particulier. Pensons par exemple au secret, qui peut être une valeur importante dans des centres de recherche d'entreprises privées et qui ont pour mission d'innover avant la concurrence. La valeur de loyauté énoncée plus haut permet de prendre en compte de façon un peu générique ces éventuelles valeurs spécifiques.

Les tensions éthiques que j'ai mises en lumière au cours de ce travail peuvent, pour beaucoup me semble-t-il, être analysées en termes de conflits entre ces valeurs. Ces conflits peuvent prendre des formes extrêmement variées, selon les circonstances, les contextes, les personnes… et il n'est donc pas question de les recenser tous. J'en donner simplement quelques exemples ci-après.

La transparence peut s'opposer à la loyauté. J'ai montré l'utilité de la première vis-à-vis de l'avancement de la recherche. Pourtant, ce besoin de transparence peut dans certaines circonstances s'opposer aux besoins de l'employeur, dont les chercheurs travaillent sur des sujets sensibles, pour lesquelles le secret est important. Il faut trouver un équilibre qui satisfasse au mieux tous les besoins.

Le soin peut s'opposer à l'efficacité. Un travail de recherche prend beaucoup de temps, peut passer par des impasses, etc. Si ces étapes sont inévitables dans un travail de recherche, il est indéniable que pendant ce temps, le chercheur ne trouve pas… Ceci peut conduire à diverses déviances : le chercheur peut être incité à prendre moins de soin dans son travail, ou l'employeur pourrait être enclin à sanctionner le chercheur qu'il emploie.

La liberté du chercheur peut entrer en conflit avec sa loyauté vis-à-vis de son employeur. J'ai montré l'utilité de la liberté pour un chercheur, pour sa motivation, pour sa créativité. Mais j'ai aussi évoqué les légitimes attentes qu'un employeur peut avoir vis-à-vis des chercheurs qu'il emploie : qu'ils travaillent dans des directions qui l'intéressent, qu'ils respectent son besoin de secret, etc. Il y a là encore, potentiellement, de nombreux conflits.

La reconnaissance peut s'opposer à l'honnêteté. Un chercheur en mal de prestige, d'avancement, peut être amené à falsifier ses résultats pour montrer qu'il trouve de belles choses. Cela se voit régulièrement, j'en ai cité de célèbres exemples.

Ces quelques exemples montrent que cette analyse en termes de valeurs permet une lecture assez riche des conflits éthiques que peut rencontrer un chercheur dans son travail.

Enjeux-clefs de l'éthique chez les chercheurs

Je voudrais maintenant rassembler les difficultés principales, les enjeux-clefs qu'il faut prendre en compte pour espérer développer chez les chercheurs une vigilance éthique, et qui sous-tendront en tout cas toutes les propositions que je formulerai par la suite.

Le préalable indispensable à toute approche éthique est une prise de conscience par les chercheurs de l'existence même des nombreuses questions éthiques qui peuvent émailler leur travail. Cela peut paraître évident, mais je pense que, de façon générale, c'est la difficulté principale à la prise en compte de l'éthique – que ce soit dans le monde de la recherche ou ailleurs. Je l'ai montré sur mon propre cas, quand on exerce une activité, on n'a pas forcément conscience des questions qu'elle soulève. C'est ce que j'ai appelé le « déni de responsabilité ». A côté de ce déni, il y a d'autres types de postures qui conduisent à ne pas prendre en compte l'éthique : le refus de responsabilité (le choix de ne pas s'en préoccuper), l'exemption de responsabilité (considérer qu'on est affranchi de toute responsabilité). J'ai montré les limites de ces postures.

Il faudra donc veiller à cette prise conscience. Je proposerai des actions dès la formation initiale, et d'autres tout au long de la carrière.

La prise de conscience ne suffit pas, il faut également disposer d'outils pour affronter les questions éthiques avec pertinence. Pour réaliser le présent travail je me suis appuyé (1) sur les théories éthiques qui ont été développées au fil des siècles, (2) sur une meilleure connaissance de la nature de la science, et (3) sur une organisation rigoureuse de ma réflexion. Actuellement, les chercheurs ne disposent pas véritablement de ces outils, et il faudra proposer des moyens pour y remédier.

Si les chercheurs ont, tous, une responsabilité qui leur impose de prendre en compte individuellement les questions éthiques liées à leur travail, cette responsabilité est la plupart du temps partagée. Ceci se produit à tous les stades de leur travail : dans les choix des sujets de recherche, dans la conduite des recherches et concernant leurs répercussions. Cela entraîne un certain nombre de difficultés : la responsabilité individuelle ne doit pas en être occultée ; la répartition des responsabilités n'est pas évidente à appréhender ; etc.

Enfin, j'ai montré à plusieurs reprises qu'il y avait dans le monde de la recherche –comme partout d'ailleurs- deux types bien différents de manquements éthiques : le manquement par ignorance –on ne voit pas les problèmes éthiques- et le manquement volontaire –par triche. L'objectif de mes propositions sera de remédier à ces deux types de manquements, d'une part en réduisant l'ignorance, et d'autre part en sanctionnant les tricheurs.

Développer l'éthique lors de la formation initiale

Voyons maintenant comment le souci éthique pourrait être encouragé dans le monde de la recherche. Rendre les chercheurs plus soucieux de l'éthique peut commencer, me semble-t-il, dès leur formation initiale.

J'ai évoqué combien une meilleure connaissance de ce qu'est la science avait été utile à ma réflexion éthique. Voyons comment elle pourrait être instaurée.

L'enseignement scientifique ne pourrait-il véhiculer une vision de la science plus juste, plus imprégnée des différents enjeux éthiques qui la traversent ? La connaissance scientifique ne pourrait-elle pas être moins présentée comme une vérité absolue, mais de façon plus nuancée, qui laisse la porte ouverte à l'esprit critique ? Cette dernière question nous met face à un étrange paradoxe : l'esprit critique, au cœur de la démarche scientifique, est bien absent de la façon dont on présente la science.

Il me semblerait ainsi utile d'envisager un enseignement scientifique ne se limitant pas aux résultats, mais montrant aussi comment ils ont été élaborés, les hypothèses faites, les difficultés rencontrées. Un enseignement ainsi élargi permettrait à tous une meilleure appropriation de la connaissance scientifique, de ses apports, mais aussi de ses limites. En mesurer les faiblesses est utile, afin d'en mieux mesurer l'impact.

Cela contribuerait également à laisser une place plus juste à d'autres approches -spirituelles, artistiques, religieuses, ou autres, qui sont parfois reléguées au second plan. J'ai déjà abordé ce thème, en particulier avec P. Feyerabend. Sur cet aspect de l'enseignement, il s'insurge contre l'envahissement des sciences :

> Presque toutes les matières scientifiques sont obligatoires dans nos écoles. Si les parents d'un enfant de six ans peuvent décider de le faire instruire dans les rudiments du protestantisme ou de la foi juive, ou décider tout simplement de ne pas lui donner d'instruction religieuse, ils n'ont pas la même liberté dans le cas des sciences. Il faut absolument apprendre la physique, l'astronomie, l'histoire. On n'a pas le droit de les remplacer par la magie, l'astrologie ou l'étude des légendes[145].

Derrière la vigueur de ces propos, il me semble utile de prendre conscience que le regard scientifique produit en nous un certain rapport au monde. Le danger est de ne se référer qu'à lui, car d'autres approches existent qui peuvent aussi contribuer à nous enrichir. L'objectif n'est-il pas, comme le dit Feyerabend lui-même, « *d'atteindre l'humanité dont nous sommes capables* » ?

Il faudrait également montrer ce qu'est la démarche de recherche, l'ensemble des moyens que j'ai détaillés dans les chapitres précédents et qui sont mis en œuvre par les chercheurs pour élaborer la connaissance. Cela montrerait ses forces et ses faiblesses, ce qui pourrait bénéficier au plus grand nombre –y compris aux non-scientifiques.

Ainsi, l'enseignement scientifique, en tenant compte de ces remarques, pourrait certainement jouer un rôle plus important dans la prise de conscience des enjeux éthiques entourant la recherche et la connaissance qui en découle. Montrer que ces dernières possèdent forces, mais aussi faiblesses, suggérer les enjeux, va ainsi s'inscrire dans la mémoire de chacun comme une incitation à la vigilance éthique.

J'ai évoqué à de nombreuses reprises combien profitable a été l'apport des sciences humaines à ma prise de conscience éthique. La disjonction sciences humaines/sciences naturelles que nous avons vu s'installer au XVIe siècle pour diverses raisons très valables à l'époque, n'a plus lieu d'être aujourd'hui. Un enseignement humaniste sur ce qu'est la science serait tout à fait bénéfique pour les scientifiques. En 1999, D. Lecourt avait été investi par le ministre de l'Education nationale de l'époque, C. Allègre, d'une mission sur l'enseignement de la philosophie des sciences[146]. Il s'en est suivi le recrutement d'une quinzaine d'enseignants-chercheurs de cette discipline dans les facultés scientifiques. Il est un peu tôt pour juger de l'effet de cette mesure, qui me semble aller dans le bon sens, mais il me semble qu'il faudrait élargir la proposition. J'ai montré en particulier l'utilité de posséder des notions d'histoire des sciences, qui permet de prendre conscience des racines historiques et géographiques de la démarche scientifique ; de posséder aussi des notions d'épistémologie, de sociologie des sciences, qui nous font percevoir les limites de cette démarche. De tels enseignements permettraient à chaque futur scientifique de prendre un peu de recul sur la science, lui donnant la possibilité d'un regard éthique.

Au-delà de la sensibilisation éthique, de tels enseignements ont, je crois, pour les scientifiques un autre avantage : leur permettre de mieux manier la science. Rien que de très logique au fond : ces enseignements leur fourniraient une meilleure connaissance de l'objet qu'ils vont manipuler. Je peux personnellement témoigner que savoir un peu mieux ce qu'est la science, en appréhender plus justement les fondamentaux, les difficultés internes, m'ont conduit à une pratique du métier de chercheur non seulement plus lucide, mais aussi plus efficace. Les travaux d'océanographie que j'ai poursuivis (à petite dose) en parallèle de ce travail de doctorat m'ont paru en profiter.

Il serait utile également que, dès leur formation, les futurs scientifiques soient sensibilisés au fait qu'il y a des situations posant des questions éthiques lorsque l'on fait de la recherche. Le problème est ici que les étudiants, n'ayant pas encore travaillé, n'ont jamais été confrontés eux-mêmes à de telles situations. Or, une préoccupation véritablement éthique ne peut naître que dans le surgissement même du questionnement, dans le vécu de situations problématiques.

On peut néanmoins résoudre partiellement cette difficulté en s'appuyant sur des cas concrets, des situations réelles vécues par des chercheurs. C'est ce que préconise C. Abaté[147] dans son travail sur l'enseignement de l'éthique à des élèves ingénieurs. Sur ces cas concrets, les étudiants peuvent développer une véritable réflexion éthique, et s'entraîner à mener une argumentation rigoureuse. Ce travail peut également être accompagné d'une sensibilisation aux théories éthiques. Une telle sensibilisation, hors de ces cas concrets, aurait sans doute revêtu un caractère artificiel et peu utile, voire contre-productif[148]. Mais en accompagnement d'études de cas, elle prendra une tout autre couleur.

Développer l'éthique durant la carrière : création d'une instance régulatrice

L'enseignement initial, pour utile qu'il soit, est insuffisant. Le questionnement éthique s'enracine dans le vécu, et il faut donc des dispositifs tout au long de la carrière professionnelle. Il me semble qu'une instance régulatrice de la recherche serait nécessaire pour les coordonner : c'est à développer cette idée qu'est consacrée cette partie.

Je voudrais commencer par montrer pourquoi, fondamentalement, il me semble utile de créer une instance chargée de piloter l'ensemble des dispositifs nécessaires à la vigilance éthique des chercheurs. Plusieurs arguments me semblent militer en sa faveur.

Lorsque l'on fait appel à un professionnel, on s'adresse certes à l'individu, mais ce qui nous motive en premier lieu, c'est l'appartenance de cet individu à une profession. Si je vais voir un médecin, c'est au départ parce que j'ai estimé que les services dont j'avais besoin relevaient de sa profession ; ensuite, j'ai recherché un membre de cette profession qui me convienne. De ce fait, le corps professionnel joue un rôle important dans le maintien de règles vis-à-vis des usagers : « *La profession devient une référence normative dominante, ses normes, valeurs et règles de bonne conduite servent de guide à l'aide duquel les praticiens organisent et réalisent leur propre travail* »[149].

Pour Mark Frankel, la profession porte alors la responsabilité de s'assurer que ses membres satisfont les objectifs que l'on attend d'eux : « *Nous [usagers] nous fions à la profession pour qu'elle garantisse que ses membres satisfont à leurs obligations* », et, plus loin, « *des normes collectives appropriées et transmises aux praticiens sont la pierre angulaire sur laquelle peut se développer une relation de confiance entre professionnel et usager* ».

Cette analyse permet aussi d'apporter des éléments de solution à une des difficultés que j'avais soulevée : la nécessité de promouvoir la responsabilité éthique de chaque chercheur, mais aussi de prendre en compte sa dimension collective. Une instance régulatrice collective pourrait assumer la deuxième en promouvant la première.

Le travail de Mitcham et Von Schomberg[150], s'il traite surtout des ingénieurs, peut apporter ici d'utiles éclairages, car le parallèle avec les chercheurs est net.

Mitcham et Von Schomberg évoquent les problèmes éthiques rencontrés à mesure que la profession d'ingénieur a élargi son emprise sur notre société, et qui rejoignent singulièrement un certain nombre de constats que j'ai effectués dans le monde de la recherche : difficulté à continuer de transmettre « l'éthos » de la profession par contact direct des anciens vers les jeunes, incluant la loyauté envers l'employeur et la profession ; problème des conflits d'intérêts ; responsabilité vis-à-vis de « *la sécurité, la santé et le bien-*

être » de la société ; etc. Par ailleurs, les ingénieurs, comme les chercheurs, mènent collectivement leurs activités : si leur responsabilité individuelle est impliquée, elle est la plupart du temps partagée avec d'autres intervenants.

Pour faire face à tous ces problèmes éthiques, tout en tenant compte de la responsabilité individuelle dans ce contexte collectif, Mitcham et Von Schomberg proposent (entre autres) l'instauration de mécanismes de contrôle spécifiques au domaine concerné –pour ce qui nous concerne le monde de la recherche-, avec notamment l'instauration d'instance régulatrice.

G. Durand[151] discute les avantages et inconvénients de telles instances régulatrices.

Dans l'absolu, « *le meilleur régulateur est évidemment la conscience individuelle, et le plus utile service public, l'éducation des consciences* », mais dans la pratique, ce vœu pieux est rarement suffisant, et il est nécessaire de recourir à des régulations. La régulation par la loi peut, bien sûr, être mise en œuvre, mais elle possède des inconvénients, et en particulier sa lenteur et sa lourdeur. Il faut donc trouver un instrument intermédiaire entre les deux. Cet intermédiaire consisterait en l'instauration d'une instance régulatrice qui s'appuierait sur des codes de déontologie, ou des règlements internes.

Ce type de régulation possède un certain nombre d'avantages : (1) souplesse et adaptabilité ; (2) réalisé par des gens plus proches du terrain, il sera plus adapté sans doute ; (3) il sera le fruit de débats probablement plus sereins car moins soumis à pressions (électoralistes, lobbies…) ; (4) il facilite une éventuelle transition en douceur vers une loi –qui n'arrivera pas trop brutalement et en sera d'autant plus acceptable.

Pour jouer pleinement son rôle, une telle instance doit éviter deux écueils : d'une part, elle pourrait se révéler inefficace, car n'ayant pas de valeur contraignante, et d'autre part, elle pourrait être accusée de ne pas être démocratique. G. Durand recommande alors que l'instance régulatrice ait une large emprise –et ne soit pas limitée à un établissement ; qu'elle soit composée de façon élargie, multidisciplinaire, en faisant appel à des gens de l'extérieur pour éviter le corporatisme, et être aussi démocratique que possible ; qu'elle soit reconnue officiellement, de façon à lui octroyer plus de légitimité.

Ces derniers points me paraissent importants, car ils vont dans le sens d'une implication des autres acteurs du monde de la recherche que j'ai mis en évidence. Employeurs, financeurs, société dans son ensemble, pourraient ainsi être impliqués.

Si une instance régulatrice s'avère donc théoriquement utile, voyons maintenant dans la pratique quel pourrait en être l'usage. Pour cela, je m'inspirerai de quelques instances déjà existantes, ainsi que de mes propres réflexions.

Diverses instances ont été créées ces dernières années pour prendre en main les dimensions éthiques de la recherche. Le comité d'éthique du Cnrs[152], en France ou l'Office of Research Integrity[153], aux Etats-Unis, ont énoncé des propositions qui suivent quatre directions principales d'action : (1) dégager et formuler des règles de conduite ; (2) examiner les cas de comportements éthiquement problématiques (enquêtes, recommandations) ; (3) sensibiliser les personnels ; (4) réfléchir sur des problèmes éthiques spécifiques posés par la science.

Il me semble aussi intéressant de prendre l'exemple des médecins qui ont beaucoup réfléchi sur ces sujets. Ainsi, avec l'Ordre national des médecins[154], ils se sont dotés d'une instance régulatrice. Cette instance est nationale –elle concerne *tous* les médecins. Cela la rapproche de l'Office of Research Intergrity américain, mais la différencie du comité d'éthique du Cnrs.

Dans le domaine de l'éthique, l'Ordre essaie de promouvoir une bonne moralité des médecins en tant qu'individu, et de faire en sorte qu'ils jouissent collectivement d'une bonne considération. Il s'appuie sur un code de déontologie médicale, et a un rôle de surveillance en s'assurant que les médecins respectent la déontologie de leur profession.

Enfin, il est notable que l'Ordre se soucie des médecins, mais aussi des malades. Chez les scientifiques, cela voudrait dire aussi qu'une telle instance se soucie du grand public ce qui, on l'a vu, est extrêmement important compte tenu des nombreuses répercussions que la science peut avoir sur la société.

Il ressort de cette petite enquête qu'une instance régulatrice de la recherche pourrait utilement remplir les missions suivantes : (1) dégager et formuler des règles de conduite générales ; (2) examiner les cas de comportements de chercheurs éthiquement problématiques (enquêtes, recommandations) ; (3) sensibiliser les personnels ; (4) réfléchir sur des problèmes éthiques spécifiques posés par la science, en prenant en compte les préoccupations du grand public ; (5) promouvoir le débat public sur les grands enjeux de la recherche.

Ces propositions recoupent les enjeux-clefs que j'ai mis en évidence un peu plus haut, et dont j'ai montré l'importance pour développer la vigilance éthique des chercheurs : le point (1) prend en charge la prise de conscience et la déviance ; le point (2) est explicitement inscrit dans les problèmes de déviance ; le point (3) dans la prise de conscience ; les points (4) et (5) également, avec de plus la notion de responsabilité collective.

J'ai montré l'intérêt qu'il pourrait y avoir à créer une instance régulatrice de la recherche. Cette instance pourrait être chargée utilement de mettre en musique les propositions que j'ai évoquées ci-dessus, je détaillerai comment dans les prochains paragraphes.

Cette instance devrait être reconnue officiellement. Elle aurait une emprise nationale, ce qui lui conférerait un certain poids, homogénéiserait les pratiques et l'inscrirait ainsi dans notre fonctionnement démocratique, comme l'a souligné G. Durand[155].

Comment pourrait être constituée une telle instance ? L'Ordre des médecins est uniquement élu par, et composé de, médecins. Je ne connais pas le fondement de ce mode opératoire, mais il me pose question. Il semble ouvrir la porte à de possibles dérives protectrices : l'Ordre pourrait être soupçonné de, voire enclin à, défendre ses membres. En tout cas, la recherche a me semble-t-il des raisons spécifiques de préférer une instance élargie au-delà du cercle des chercheurs.

Les autres intervenants ayant également des responsabilités dans la recherche (employeurs, financeurs, jusqu'à l'ensemble de la société) doivent aussi y participer. C'est d'ailleurs là aussi le sens de l'analyse de G. Durand évoquée plus haut.

Développer l'éthique durant la carrière : plan d'action

Abordons maintenant plus en détail les actions à entreprendre pour développer la vigilance éthique des chercheurs tout au long de leur carrière. Ces actions pourraient être utilement pilotées par l'instance régulatrice dont j'ai parlé.

Etablir un code de déontologie recensant les valeurs principales à promouvoir chez les chercheurs me paraît être utile. K. Evers[156] note d'ailleurs un certain fleurissement de tels codes depuis quelques décennies : « *Depuis la Deuxième guerre mondiale, beaucoup de codes de conduite se sont développés pour protéger la science et la société de mauvaises pratiques de chercheurs scientifiques, tels qu'expérimentations irrespectueuses, rapports de recherche frauduleux, jalousies ou rivalités professionnelles, mauvaises utilisations de fonds* ». Son travail peut être utile pour réfléchir sur ce thème, dans la mesure où il recense de nombreux codes, et propose un certain nombre de critères pour les évaluer.

Cependant, pour que de tels codes servent véritablement à quelque chose, il faut bien réfléchir à leurs objectifs. Deux me semblent pertinents : la sensibilisation, la sanction.

J'ai indiqué l'importance de la sensibilisation des chercheurs aux problématiques éthiques. Proposer des textes qui énoncent des valeurs, des règles, va dans ce sens. Pourtant, il me semble que la simple lecture d'un tel texte, hors de tout contexte et de ce fait relativement abstrait, risque de ne pas avoir beaucoup d'impact. Le texte risque de paraître un peu simpliste et, au pire, de donner une mauvaise image de l'éthique et d'en détourner les gens.

Les médecins ont adopté un protocole qui me semble intéressant à cet égard : le recours au serment. En prononçant le serment d'Hippocrate, ils sont obligés de s'intéresser à quelques principes éthiques de leur nouvelle profession, et s'engagent solennellement à les respecter. Ce type de serment me paraîtrait utile pour sensibiliser les chercheurs à leurs responsabilités.

Des réflexions ont déjà été menées par certains organismes. Ainsi, le département d'éthique de l'Ecole Polytechnique de Lausanne a élaboré un « serment d'Archimède »[157], que « *les étudiants sont fortement encouragés à signer (...) au moment de recevoir leur diplôme* »[158]. Cette initiative, pour louable qu'elle soit, est à ma connaissance restée limitée à l'Ecole. L'engagement aurait un impact autrement considérable s'il était pris par l'ensemble des étudiants du pays (voire plus !), comme l'est le serment d'Hippocrate.

Edicter et promouvoir des règles de conduite est intéressant, mais il me semble alors nécessaire qu'un organe de « surveillance » -c'est le terme employé par l'Ordre des médecins- s'assure de leur respect et soit capable de prendre d'éventuelles sanctions. L'Ordre des médecins a mis en place un système, reconnu par l'Etat, dont je rapporte les grandes lignes[159] :

> L'Ordre a une fonction de surveillance des conditions d'exercice de la profession, fonction qui fait de lui, organisme strictement professionnel, le gérant d'un service public comme le reconnaissent non seulement des arrêts du Conseil d'Etat mais aussi les jurisprudences judiciaires.(…)

L'Ordre des médecins est doté de pouvoirs relativement étendus, qui lui permettent de surveiller le comportement et la pratique des médecins, et qui lui donnent la possibilité d'aller jusqu'à interdire aux contrevenants d'exercer leur profession.

> L'Ordre dispose d'un pouvoir réglementaire. (…) Il doit établir et tenir à jour un tableau auquel ne peuvent être inscrits que les docteurs en médecine remplissant les conditions légales de moralité et de compétences requises. L'obligation d'inscription au tableau pour pouvoir effectuer des actes médicaux résulte des articles L. 4111-1 et L. 4121-1 du code de la santé publique (…).

Ces pouvoirs sont encadrés par la législation.

> Le législateur a voulu que les médecins puissent être jugés et éventuellement sanctionnés par leurs pairs connaissant bien les problèmes soulevés par les malades ou par l'exercice de la profession (...). Ce pouvoir résulte des dispositions du code de la santé publique ; il est contrôlé en ce qui concerne la légalité de ses décisions par le Conseil d'Etat, instance de cassation.

Ces différentes fonctions recouvrent un certain nombre d'aspects dont j'ai montré l'importance pour les chercheurs : possibilité de sanction contre les inévitables tricheurs, autorité reconnue, etc. Elles pourraient donc utilement leur être transposées.

A de nombreuses reprises, j'ai indiqué la nécessité que les chercheurs mènent des réflexions éthiques sur leurs travaux –si possible au fur et à mesure de leur avancement. J'explore dans ce paragraphe des pistes d'une part pour promouvoir de telles réflexions, et d'autre part pour les organiser, les chercheurs n'étant pas très armés en général.

La promotion de l'éthique peut passer par l'exemple. C'est probablement sur ce principe qu'un certain nombre d'organismes de recherche se sont dotés en interne d'instances chargées, entre autres, d'émettre des avis éthiques sur des avancées scientifiques. Ainsi, le Comets, comité d'éthique du Cnrs, se charge de « *conduire et développer la réflexion sur les aspects éthiques suscitée par la pratique de la recherche sans occulter les finalités de cette dernière* »[160].

Je pense que ce type d'action est à double tranchant. D'un côté, en mettant en lumière l'existence de problèmes éthiques et la possibilité d'y réfléchir, ils peuvent en effet y sensibiliser les chercheurs –à condition de mettre en place une communication efficace ! D'un autre côté, de tels comités risquent de décharger les intervenants de la recherche de mener eux-mêmes les réflexions dont ils ont la responsabilité. Un comité ne pourra jamais se substituer à la réflexion de chaque chercheur au fil de son travail.

La réflexion éthique à de tels comités doit donc être faite avec prudence. Elle pourrait par exemple se limiter à des cas importants, et impliquer au mieux les acteurs concernés. Elle pourrait par exemple être utile lorsque une décision importante mériterait d'être prise, telle un moratoire sur la recherche. De tels moratoires ont déjà été adoptés par une communauté de chercheurs : j'ai évoqué celui proposé par Paul Berg, spécialiste de biologie moléculaire, en juillet 1974 sur certaines expériences de recombinaison d'ADN aux risques mal circonscrits.

Pour la promotion et l'organisation de la réflexion éthique des chercheurs, une structure me paraît très intéressante. Elle est également issue du monde médical : il s'agit de l'Espace éthique. Ce type de structure existe depuis quelques années déjà dans certains hôpitaux, et la loi N° 2004-800 du 6 août 2004 vise à la généraliser à tous les Chu. Elle définit son rôle en son article 1 :

> Des espaces de réflexion éthique sont créés au niveau régional ou interrégional ; ils constituent, en lien avec des centres hospitalo-universitaires, des lieux de formation, de documentation, de rencontre et d'échanges interdisciplinaires sur les questions d'éthique dans le domaine de la santé. Ils font également fonction d'observatoires régionaux ou interrégionaux des pratiques au regard de l'éthique. Ces espaces participent à l'organisation de débats publics afin de promouvoir l'information et la consultation des citoyens sur les questions de bioéthique.

L'Espace éthique peut donc contribuer utilement à promouvoir la prise de conscience des enjeux éthiques, à faciliter en son sein la discussion, la réflexion des personnes concernées. A la différence des comités d'éthique, il ne se substitue pas aux chercheurs dans leurs réflexions, mais les accompagne.

L'Espace éthique est également un lieu de formation, et cet aspect est important. L'un des problèmes que rencontrent les chercheurs pour prendre en charge les questions éthiques est leur manque de formation. L'Espace éthique pourrait combler ce manque : en développant une culture humaniste sur la science (philosophie des sciences, épistémologie, histoire des sciences, sociologie des sciences, etc.) qui, même si elle est abordée en formation initiale comme je l'ai suggéré, pourrait être rafraichie à cette occasion ; en fournissant des outils plus spécifiques à l'éthique, comme une sensibilisation aux grandes théories éthiques, à la méthode éthique ; etc.

De tels Espaces éthiques, avec toutes les missions proposées, sont naturellement chronophages, et nécessitent la contribution de nombreuses personnes. Les Espaces éthiques mis en place dans le cadre des Chu semblent bien souvent manquer de moyens en personnel et en finances pour pouvoir fonctionner correctement.

Enfin, l'Espace éthique peut également contribuer à diffuser l'information auprès du grand public, à en promouvoir la participation : je reviendrai sur ce point plus loin.

J'ai montré qu'un autre élément compliquait la réflexion éthique dans la recherche : son cloisonnement. La recherche telle qu'elle est organisée est doublement cloisonnée : en interne, du fait de l'hyperspécialisation des chercheurs ; en externe, vis-à-vis des autres formes de savoirs.

L'hyperspécialisation des chercheurs est sans doute inévitable de nos jours, la recherche étant devenue extrêmement pointue. Elle a pourtant un certain nombre d'inconvénients que nous avons évoqués: elle fractionne le savoir, elle complique la prise de recul sur les résultats scientifiques, elle fait perdre de vue le sens global de la multitude de résultats scientifiques. Il serait donc intéressant d'atténuer ces effets pervers.

Un premier moyen serait d'encourager les chercheurs à participer à des projets impliquant plusieurs disciplines. Cela les confronterait à d'autres façons de voir, d'autres collègues, élargirait leur point de vue, favoriserait leur prise de recul sur leur propre discipline, et faciliterait leur prise de conscience d'éventuels enjeux éthiques. Des projets de ce type existent déjà, en particulier pour réduire les dépenses : le Cnrs essaie aussi d'en promouvoir[161], avec pour objectifs l'innovation et la mutualisation des efforts ; j'ai évoqué aussi les campagnes océanographiques à la mer, qui peuvent fédérer des physiciens, des biologistes ou des chimistes. La prise de conscience éthique n'est donc, en général, pas un objectif explicité dans ces projets, mais elle en bénéficie néanmoins.

Un deuxième moyen pour atténuer les effets pervers de l'hyperspécialisation des chercheurs serait de s'inspirer de ce qui existe dans une autre profession scientifique, celle des ingénieurs. On trouve chez eux des spécialistes –comme le sont les chercheurs-, mais aussi des généralistes. Les premiers sont à la pointe de la connaissance dans un domaine précis, ce qui leur permet d'affronter des problèmes pointus. Les seconds ont une culture plus large, qui leur permet d'aborder des problèmes plus globaux, et de s'adapter plus facilement à une variété de disciplines. Cette deuxième fonction pourrait être transposée chez les chercheurs : il s'agirait de former des chercheurs interdisciplinaires capables d'articuler les acquis de disciplines diverses.

Leur champ de travail pourrait d'ailleurs s'étendre avec profit au-delà des disciplines scientifiques. Car si la science possède de nombreuses qualités pour l'élaboration du savoir, elle a aussi des limites que nous avons détaillées. Elle ne doit donc pas occulter d'autres formes d'accès à la connaissance, comme la religion ou le mythe, à qui elle a tendance –au moins en Occident- à faire exagérément de l'ombre. Cette réhabilitation réclame un travail de fond important : il s'agit de changer des mentalités habituées depuis plusieurs siècles à considérer la science comme détentrice de la vérité.

Il est notable que des organismes œuvrent déjà en ce sens. Citons ainsi l'Université interdisciplinaire de Paris (UIP)[162], association loi 1901 créée en 1995 :

> L'Université Interdisciplinaire de Paris a pour objectif de diffuser et confronter les savoirs, à partir de l'étude des paradigmes scientifiques contemporains – principalement dans les domaines de l'astrophysique, de la physique quantique, des théories de l'évolution, des neurosciences et de philosophies de l'esprit.
>
> L'UIP entend aussi contribuer à renouer le dialogue rompu par une certaine modernité entre l'ordre des faits et l'ordre des valeurs afin de mieux comprendre l'articulation entre les implications de la recherche scientifique et la quête de sens. Pour ce faire, elle propose à des scientifiques, des philosophes, des religieux et des acteurs du monde économique de confronter leurs domaines de connaissance[163].

L'UIP organise ainsi des colloques : l'ouvrage *Science et quête de sens*[164] que j'ai déjà cité contient les actes de l'un d'entre eux, tenu en 2002. Par ailleurs, l'UIP organise des cours, des conférences.

Il existe d'autres instituts ayant des vocations du même type, tel le Mind and Life Institute[165] :

> L'institut Mind & Life est un organisme sans but lucratif qui cherche à comprendre l'esprit humain et les bienfaits de la pratique contemplative en combinant la connaissance issue des traditions contemplatives avec les méthodes et les découvertes scientifiques contemporaines[166].

Inciter les chercheurs à consacrer du temps à l'éthique suppose aussi d'adapter la façon dont ils sont évalués. Actuellement, les chercheurs sont évalués sur leur production scientifique. Or, s'il leur est demandé de consacrer du temps à la réflexion éthique, il est probable que, sur un plan strictement quantitatif, ils produiront moins de résultats scientifiques. Il semblerait donc judicieux que le mode d'évaluation des chercheurs prennent en compte leur implication éthique.

Je pense d'ailleurs que des chercheurs soucieux de l'éthique verraient leurs résultats progresser d'un point de vue qualitatif : j'ai montré l'effet bénéfique que la réflexion éthique avait eu sur mon approche de la recherche, sur ma façon d'appréhender les forces et les limites des théories, sur leur validation par les observations, etc. De plus, l'éthique conduit à des choix plus justes, à des actions plus pertinentes.

Enfin, il me semble important de rappeler ici les effets pervers d'une évaluation trop axée sur le quantitatif : cela conduit certains chercheurs à publier trop, trop vite, mal, voire à fausser leurs résultats, à piller les idées des autres.

J'ai montré que la société dans son ensemble, concernée par les répercussions de la recherche, impliquée aussi parfois dans ses orientations, a un rôle à jouer dans les choix éthiques à faire. J'ai déjà indiqué la place qu'elle devait prendre dans l'instance régulatrice de la recherche que j'ai proposée, mais je pense qu'on peut aller plus loin.

Mitcham et Von Schomberg, dans leur travail sur les ingénieurs que j'ai déjà évoqué[167], constatant la difficulté de penser la responsabilité individuelle dans ce contexte collectif, ont proposé le concept de *co-responsabilité,* qui, outre la création d'instance de régulation, comporte aussi le débat public comme moteur des décisions collectives, auquel chacun – professionnels en tête- devrait avoir l'obligation morale de participer. En favorisant les discussions entre intervenants de tous horizons, en convoquant des spécialistes de différents champs, il permet la confrontation collective en respectant nos principes démocratiques.

Ce type de débat public me semble avoir déjà une existence concrète, puisque c'est sur ce principe que sont construites les « conférences citoyennes » qui fleurissent de nos jours. On peut en trouver un exemple (sur le climat) sur le site internet de la Cité des sciences et de l'industrie[168] :

> Inspirée du modèle danois, cette conférence, nouvelle forme d'expression démocratique, donne la parole à un groupe de seize citoyens préalablement formés sur les aspects scientifiques, éthiques, sociaux, politiques et économiques du changement climatique. Après deux week-ends de séminaires de formation, le groupe de citoyens débat publiquement avec des représentants du monde politique, associatif, avec des experts, des porteurs d'intérêt économique, qu'il a demandé à rencontrer sur les questions qui les préoccupent. À l'issue de la conférence, les citoyens font part de leurs avis et recommandations dans un rapport public.

Sur ce même modèle se sont déroulées en 2009 des conférences de citoyens sur le thème de la bioéthique. Elles avaient un objectif précis, puisqu'elles devaient contribuer à la révision des lois Leonetti sur la bioéthique.

Malgré les controverses qui ont lieu sur leurs modalités d'organisation (sélection des citoyens, sélection du comité de pilotage, modalités de débats, etc. -on pourra consulter par exemple le site de J. Testard[169] sur ce sujet), de telles conférences me paraissent aller dans le bon sens.

Ces conférences ne sont cependant sans doute pas la seule solution à promouvoir, car elles sont assez lourdes à mettre en œuvre. Il ne faut pas négliger la diffusion de la connaissance à plus grande échelle, de façon plus régulière et systématique. On peut bien entendu penser à des moyens classiques, comme la presse, les musées, etc., mais il me semble intéressant de m'arrêter sur l'un d'entre eux, qui prend tout particulièrement en compte les aspects éthiques : les avis des comités d'éthique. Il ne s'agit pas ici de comité interne à un organisme de recherche, mais de comité à destination plus large, comme le Comité consultatif national d'éthique pour les sciences de la vie et de la santé (Ccne), qui me paraît un bon exemple.

Le Ccne est constitué d'une quarantaine de personnes, toutes nommées, qui sont soit des représentants des diverses religions, soit des « experts en éthique » - j'entends par là des personnes ayant l'habitude d'affronter des questions éthiques -, soit des scientifiques, non nécessairement spécialistes des sciences de la vie et de la santé d'ailleurs. En confrontant ces personnalités d'origines diverses, en les invitant à argumenter leurs points de vue, le Ccne met en œuvre les procédures d'éthique de la discussion, telle celle proposée par J. Habermas[170] dont j'ai déjà parlé plus haut, et dont j'ai montré la pertinence.

Le Ccne a été installé en 1983 afin de « *donner des avis sur les problèmes éthiques soulevés par les progrès de la connaissance dans les domaines de la biologie, de la médecine et de la santé et publier des recommandations sur ces sujets* »[171]. Si le but affiché est de « *donner des avis* », je pense que, dans les faits, les avis du Ccne sont formulés de telles sortes qu'ils contribuent à informer et sensibiliser le public : avant d'énoncer des recommandations, les avis rapportent les faits scientifiques et en recensent les enjeux éthiques. Ils contribuent ainsi à éclairer les citoyens, à permettre à chacun de se faire une opinion, et à faciliter le débat public. *In fine,* ils contribuent donc à la prise de responsabilité de chacun et me paraissent donc indéniablement utiles.

Conclusion

La démarche éthique que j'ai suivie dans ce travail a montré toute sa richesse en me permettant d'identifier, de formuler, et d'affronter les nombreuses questions éthiques qui ont jalonné mon parcours de chercheur océanographe. J'espère qu'elle pourra en inspirer d'autres, car la vision fréquente de l'éthique comme « empêcheuse de penser en rond » et contraire à l'efficacité ne me paraît pas juste. J'en ai au contraire une vision très enrichissante : l'éthique, en clarifiant les enjeux, les questions complexes, nous aide à donner du sens à notre action, à la mener dans la direction préférable. En nous forçant à bousculer les évidences, à regarder ce qu'il y a derrière la façade, elle nous fait changer le regard que nous posons sur nos activités (scientifiques ou non), et les rendre plus adéquates. La réflexion sur les enjeux de notre action ne peut qu'en améliorer la qualité, non seulement sur les finalités, mais aussi sur les moyens. Parfois même, la réflexion éthique est source de créativité. Par exemple, une décision d'interdire certaines recherches jugées éthiquement non-légitimes (comme la recherche sur les cellules-souches) peut sembler limitative dans un premier temps… mais elle oblige à rechercher dans d'autres directions (comme la reprogrammation de cellules adultes). Ainsi, la réflexion éthique, en permettant une meilleure appréhension de la recherche, de ses fondamentaux, de ses difficultés internes, conduit à une meilleure pratique du métier de chercheur.

VII. Annexe bibliographique

Ce travail s'appuie sur de nombreux ouvrages. J'en dis quelques mots ci-après, avant d'en donner une liste exhaustive.

Des travaux voisins

Il existe un certain nombre de travaux portant sur le questionnement éthique provoqué par la science ou la recherche.

Dans ses livres, *Science avec conscience* et *La méthode*[172], E. Morin s'est livré à une réflexion sur la connaissance scientifique, ses prouesses mais aussi ses lacunes. Ce questionnement porte sur de nombreux aspects : l'épistémologie, beaucoup, mais aussi l'éthique. « *Nous avons besoin d'une méthode de connaissance qui traduise la complexité du réel, reconnaisse l'existence des êtres, approche le mystère des choses.* ». Ces travaux sont assez théoriques, ils apportent des éclairages importants, mais ne portent pas directement et concrètement sur le chercheur.

Deux ouvrages de D. Resnik abordent les enjeux éthiques de la science contemporaine et de la recherche. Le premier, *The Ethics of Science, an Introduction*[173] s'intéresse beaucoup aux chercheurs. Son objectif principal est de proposer un certain nombre de règles que devraient respecter les chercheurs pour faire correctement leur travail. Il ne s'agit donc pas à proprement parler d'une réflexion sur les dilemmes moraux qu'un chercheur est susceptible de rencontrer, mais plutôt d'un balisage général du travail de recherche, de l'établissement de garde-fous susceptibles d'en garantir la bonne marche. Dans le même esprit, K. Evers, dans le cadre de l'International Council for Science d'une part, et de la Commission européenne d'autre part, a travaillé sur les textes régissant la recherche scientifique existant de par le monde[174], qu'elle désigne par les expressions générales de *Standards for Ethics* ou *Ethical Standards.* Ces textes, de natures diverses (codes, serments, etc.) visent à réguler l'activité scientifique en proposant des principes établissant ce qu'il convient à un scientifique de faire ou d'éviter.

Le deuxième ouvrage de D. Resnik, *Playing Politics with Science*[175], aborde un certain nombre d'aspects de la relation entre science et société : le financement de la recherche, la sécurité nationale, les expérimentations, l'expertise scientifique. Il étudie dans quelle mesure, et comment, la seconde doit intervenir dans le fonctionnement de la première. C'est donc de la recherche scientifique dans son ensemble qu'il s'agit ici, même si ces considérations ont *in fine,* des répercussions sur le chercheur lui-même. Les réflexions menées au cours des *Etats généraux de la recherche*[176] par la communauté scientifique française en 2004 me semblent se situer sur ce même plan.

Le 13 janvier 2004 s'est tenu à la Cité des sciences et de l'industrie, sous la direction de B. Debuire et E. Hirsch, un colloque intitulé *La recherche peut-elle se passer d'éthique ?,* qui a donné lieu à la publication d'actes[177]. Au fil des contributions, un grand nombre de questions éthiques que le chercheur est susceptible de rencontrer sont évoquées, mais de façon assez générale et abstraite. Comment elles se présentent au quotidien, et comment les appréhender, n'est pas véritablement abordé.

Les *Regards sur l'éthique des sciences*[178] de G. Toulouse sont de trois types : un regard sur les « *grands thèmes de réflexion éthique (limites de la science, déontologie du chercheur, institutions)* » ; un regard historique ; et un regard sur « *les définitions (que mettre au juste sous les thermes « éthique », « morale », « déontologie », « sciences », « éthique des sciences » ?)* »[179]. L'objectif de G. Toulouse s'apparente plutôt à un état des lieux : « *Peu importe au fond l'itinéraire choisi, pourvu qu'assez vite les éléments essentiels du paysage soient repérés et situés* ». Si un tel état des lieux est, bien entendu, utile, j'ai souhaité être plus concret, aller plus loin dans l'analyse des enjeux, en étant plus centré sur le chercheur.

De nombreux travaux abordent des problèmes éthiques très spécifiques que les chercheurs sont susceptibles de rencontrer. C'est en particulier le cas de la liberté et de la responsabilité, comme lors du colloque « *European Science and Scientists between Freedom and Responsibility* » organisé à Amsterdam les 2-3 décembre 1997[180] ; dans les articles de K. Bayertz (« Trois arguments pour la liberté de la recherche »[181]), de C. Mitcham et R. Von Schomberg (« The Ethics of Scientists and Engineers : from Occupational Role Responsibility to Public Co-responsibility »[182]), ou de A. Lekka-Kowalik (« Why Science cannot be Value-Free. Understanding the Rationality and Responsibility in Science »[183]). Notons également l'*Enquête sur la responsabilité sociale du scientifique,* menée par l'Ifop pour le Cnrs, publiée en février 2007[184].

Enfin, dans *Les scientifiques, entre pouvoir et savoir*[185], J.J. Salomon aborde un certain nombre de sujets concernant les chercheurs en science de la nature (les scientifiques). La première partie de l'ouvrage décrit l'évolution de l'activité scientifique au fil des siècles, avec un accent particulier sur son état présent. La deuxième partie est consacrée à la responsabilité des chercheurs du fait des impacts énormes qu'ont leurs découvertes sur notre monde, ainsi que leur déni fréquent de cette responsabilité.

Si tous ces travaux apportaient bien entendu des éléments utiles à une réflexion sur les dilemmes qu'un chercheur pouvait rencontrer, ils possédaient leurs limites : soit ils se positionnaient sur un plan plus élargi, comme celui de la communauté scientifique, ou des rapports entre science et société ; soit ils se limitaient à un aspect particulier des questionnements. Par ailleurs, ayant moi-même été chercheur, il me semblait pouvoir apporter quelque chose de nouveau : un regard spécifique, provenant, de l'intérieur, et en ce sens plus concret. Or, comme je l'ai indiqué, l'éthique s'ancre dans le singulier. Elle cherche à résoudre une situation complexe donnée, ce qui nécessite d'en examiner toutes les facettes, d'en peser les différents arguments, ce qui implique que, généralement, seule la personne en situation peut véritablement mener une réflexion éthique en connaissance de cause. Mon passé de chercheur serait en fait un atout pour porter un regard éthique pertinent sur le travail de recherche. C'est là aussi que se situait la spécificité de ce que je pouvais apporter.

Certes, je ne suis pas le premier scientifique à tenter de mener une réflexion éthique sur la science. J'ai déjà évoqué G. Toulouse un peu plus haut. On pourrait citer également A. Kahn[186], par exemple, dont le travail porte plutôt sur les conséquences que ses travaux peuvent avoir sur la société. Si ces conséquences font intrinsèquement partie des questions éthiques qu'un chercheur doit se poser, elles n'en constituent pas le tout. D'autres questionnements peuvent surgir –que j'ai également tenté d'aborder.

Réflexions sur la science.

Pour favoriser une prise de recul très bénéfique au décentrement éthique, je me suis appuyé sur de nombreux travaux ayant la science ou la recherche scientifique pour objet de réflexion. Ces travaux relèvent de disciplines variées : philosophie des sciences, épistémologie, histoire des sciences, sociologie des sciences, etc. Voici les principaux.

An Introduction to the Philosophy of Science, *Theory and Reality* de P. Godfrey-Smith[187], est intéressant car, malgré son titre, il aborde toutes ces disciplines.

La philosophie des sciences consiste à « *unifier les différents domaines scientifiques* » et à « *clarifier le langage de la science* »[188]. Elle incite à en voir quels en sont les apports –indéniables- mais aussi les limites –pas toujours envisagées par les chercheurs. Elle replace la connaissance scientifique dans l'arbre plus général de la connaissance. Parmi les ouvrages généraux de philosophie des sciences dont j'ai pu m'inspirer, je citerai ici *La philosophie des sciences au XXe siècle,* de A.

Barberousse, A., M. Kistler, P. Ludwig[189], *Philosophie des sciences,* de D. Andler, A. Fagot Largeault, B. Saint-Sernin[190], *Les philosophes et la science,* sous la direction de P. Wagner[191], *Invitation à la philosophie des sciences*, de B. Jarosson[192]. Il existe aussi des travaux philosophiques portant sur des disciplines particulières. On trouvera une présentation synthétique dans *Philosophie des sciences de la matière,* de L. Bot[193] ou, de nouveau, dans *Philosophie des sciences,* de D. Andler, A. Fagot Largeault, B. Saint-Sernin[194]. Il existe enfin des ouvrages plus spécifiques, dans lesquels les auteurs exposent leur propre vision, comme *Discours sur l'esprit positif,* d'A. Comte[195], *Discours de la méthode*, de R. Descartes[196], *Novum organum,* de F. Bacon[197].

Les travaux en épistémologie m'ont été probablement encore plus utiles. L'épistémologie est « *l'étude des méthodes, des crises, de l'histoire des sciences modernes* »[198]. L'épistémologie, en s'interrogeant sur les fondements des théories scientifiques, vient questionner la manière dont ces théories sont élaborées. De ce fait, elle questionne indirectement la manière dont la recherche scientifique est menée, les méthodes qu'adoptent les chercheurs pour établir une théorie. Il y a dans ce domaine des ouvrages généraux tels *Qu'est-ce que la science,* de A. Chalmers[199], et de nombreux ouvrages exposant un point de vue spécifique, tels *La structure des révolutions scientifiques*, de T. Kuhn[200], *La logique de la découverte scientifique,* de K. Popper[201], ou *Contre la méthode,* de P. Feyerabend[202].

L'histoire des sciences est une discipline dont la vocation est assez explicite, je crois. C. Ronan, dans son ouvrage intitulé *Histoire mondiale des sciences*[203], se donne pour objectifs de « *proposer une vue d'ensemble de la science et de la pensée scientifique à travers le monde depuis les premiers temps jusqu'à nos jours ».* Sur un domaine plus restreint, citons également *The Scientific Revolution and the Origin of Modern Science,* de J. Henry[204]. L'histoire des sciences, comme l'histoire plus généralement, est utile à la prise de recul. Elle montre la genèse de tel état de fait, de telle façon de penser, vient interroger la légitimité de leur existence présente, tous aspects bien utiles à la réflexion éthique.

Enfin, la sociologie des sciences considère la science comme une entreprise sociale, et lui applique les méthodes de la sociologie –l'étude des structures sociales humaines. Elle étudie les interactions entre scientifiques, la façon dont les controverses se résolvent, etc. Elle montre en particulier que la recherche scientifique ne se fait pas selon une démarche strictement rationnelle et objective, mais qu'elle est aussi imprégnée de multiples considérations sociales et subjectives : sérieuse prise de recul, là encore, qui vient provoquer la réflexion éthique. On trouvera un chapitre général dédié à cette discipline dans *An Introduction to the Philosophy of Science, Theory and Reality* de P. Godfrey-Smith que j'ai déjà cité. Il existe sinon des travaux portant sur des sujets plus spécifiques, tels *La vie de laboratoire,* de B. Latour et S. Woolgar[205], ou *La Révolution scientifique,* de S. Shapin[206], dont les titres sont suffisamment évocateurs. Citons enfin R.K. Merton, un pionnier de la discipline qui, dans « The normative Structure of Science »[207], article de 1942, a analysé le fonctionnement de la communauté scientifique.

Réflexions sur l'éthique

Différents types de raisonnements –de théories éthiques- ont été proposés au fil des siècles par les philosophes. On trouvera un passage en revue de ces théories dans *Fondements philosophiques de l'éthique médicale*, de S. Rameix[208], ou dans *Apprendre à vivre*, de L. Ferry[209]. Si toutes ces théories ont leur intérêt, aucune de ces théories n'est exempte de défaut, et se pose alors la question suivante : comment articuler ces différentes théories éthiques entre elles ? P. Singer[210], dans ses réflexions sur des problèmes d'éthique pratique, commence ses analyses en examinant les implications d'une théorie utilitariste, qui lui semble plus naturelle : quand on essaye d'agir moralement, on essaie assez spontanément de faire en sorte qu'un maximum de personnes soient satisfaites des choix que nous opérons, et que le moins possible soient lésées. Puis, dans un deuxième temps, P. Singer examine si les conclusions auxquelles il aboutit ne contredisent pas des critères déontologiques d'une façon qu'il jugerait irrecevable.

J'ai aussi bénéficié de la lecture d'ouvrages d'éthique appliquée. J'entends par éthique appliquée une réflexion éthique menée sur un sujet donné –la bioéthique par exemple. Il existe dans ce domaine pléthore de livres. La lecture de quelques-uns d'entre eux m'a permis de me familiariser avec ce type de réflexion, et de me préparer ainsi à mener la mienne. Je citerai ici *Et l'homme dans tout ça?,* d'A. Kahn[211] (sur la bioéthique), et *Le nouvel ordre écologique,* de L. Ferry[212] (sur l'écologie !).

Liste des références

Abaté, C.J., « Should engineering Ethics be taught ? », *Sciences and engineering ethics,* vol. 17, 2011, pp. 583-596.

Allea (All European Academies), Actes du colloque organisé à Amsterdam les 2-3 décembre 1997 : *European Science and Scientists between Freedom and Responsibility*, sous la direction de Drenth, P., J. Fenstad et J. Schiereck, Office for official publications of the European communities, 1999.

Andler, D., A. Fagot Largeault, B. Saint-Sernin, *Philosophie des sciences,* Folio essais-Gallimard, 2002.

Aristote, *Ethique à Nicomaque*, Vrin, 1990.

Bacon, F., *Novum organum,* (trad. Lorquet), Hachette, 1857.

Barberousse, A., M. Kistler, P. Ludwig, *La philosophie des sciences au XXe siècle,* Champs-Flammarion, 2000.

Bayertz, K., « Trois arguments pour la liberté de la recherche », *in* Proellochs, P. et D. Schulthess (dir.), *Y a-t-il des limites éthiques à la recherche scientifique ?*, Actes du colloque de l'université de Neuchâtel. 9-11 octobre 1997, Editions Médecine et Hygiène, Genève, 2000.

Berlin, I., *Eloge de la liberté*, Calmann-Lévy, 1969.

Bot, L., *Philosophie des sciences de la matière*, L'Harmattan, 2007.

Brague, R., *La sagesse du monde,* Poches-Fayard, 1999.

Bréchignac, C., *N'ayons pas peur de la science, raison et déraison,* CNRS éditions, 2009

Canto-Sperber, M. (dir.), *Dictionnaire d'éthique et de philosophie morale*, Puf, 2004

Chalmers, A., *Qu'est-ce que la science,* Le Livre de Poche-La Découverte, 1987.

Clément, E., C. Demonque, L. Hansen-Love, P. Kahn, *La philosophie de A à Z,* Hatier, 2000.

CNRS (enquête menée par l'Ifop), *Enquête sur la responsabilité sociale du scientifique*, résultats publiés en février 2007. Téléchargeable depuis le site http://www.cnrs.fr/colloques/sciences-societe/programme/actes.htm

Comte, A., *Discours sur l'esprit positif,* édition numérique réalisée par J.M. Tremblay, téléchargeable depuis le site : http://classiques.uqac.ca/classiques

Cosandey, D., *Le secret de l'occident,* Champs-Flammarion, 2007.

Crozier, M. et E. Friedberg, *L'acteur et le système*, Seuil, 1977.

Davis, W., *Pour ne pas disparaitre : pourquoi nous avons besoin de la sagesse ancestrale,* Albin-Michel, 2011

Debuire, B., E. Hirsch (dir), *La recherche peut-elle se passer d'éthique ?*, Vuibert, 2004.

De Closets, F., *Ne dites pas à Dieu ce qu'il doit faire*, Seuil, 2004.

Descartes, R., *Discours de la méthode* (1637), Gallimard, « Bibliothèque de la Pléiade », 1953.

Diderot, D., « Encyclopédie », *in L'Encyclopédie*, 1751.

Donnars, O., « Fin du procès de l'ex-star du clonage », *La recherche*, http://www.larecherche.fr/content/recherche/article?id=26342

Duhem, P., *La théorie physique : son objet, sa structure* (1906), édition chargée depuis http://www.ac-nancy-metz.fr/enseign/philo/textesph/default.htm

Durand, G., « Ethique, droit et régulation alternative », *in* Parizeau, M.H. (dir), *La bioéthique, méthodes et fondements*, Cahiers scientifiques, Montréal, 1989, pp. 87-96.

Etats généraux de la recherche (Les), Tallandier, 2004.

Ernst, R., « The Responsibility of Scientists, a European View », *Angew. Chem. Int. Ed.*, 42, 2003, pp. 4434-4439.

Evers, K., *Standards for Ethics and Responsibility in Science, an Analysis and Evaluation of their Content, Background and Function*, ICSU-SCRES, 2001.

Evers, K., *Codes of Conduct, Standards for Ethics in Research*, European Commission, 2003.

« Les experts sur la sellette », dossier de La Vie, 4-10 février 2010, pp. 20-25.

Ferry, L., *Le nouvel ordre écologique,* Poche-Grasset, 1992.

Ferry, L., *Apprendre à vivre*, Plon, 2006.

Feyerabend, P., *Contre la méthode,* Points-Seuil, 1979

« Forbidding science », numéro spécial de *Science and Engineering ethics*, volume 15, numéro 3, Sept 2009

Forbin, R., *Comprendre la complexité, introduction à la Méthode d'Edgar Morin*, Presses de l'université de Laval-L'Harmattan, 2005.

Fossey, J., *La recherche française va très bien*, l'Archipel, 2004.

Frankel, M. « Professional codes : why, how, and with what Impact », *Journal of Business Ethics*, 8 :2/3, 1989, p109.

Galilée, « Lettre à Christine de Lorraine, Grande duchesse de Toscane », *Revue d'histoire des sciences*, PUF, t. XVII, 4, oct.-déc. 1964, cité par Salomon, J.-J., *Les scientifiques, entre pouvoir et savoir*, Albin Michel, 2006.

Godfrey-Smith, P., *An Introduction to the Philosophy of Science, Theory and Reality*, The University of Chicago Press, 2003

Goldman, A., « Professionnelle (éthique) », *in* Canto-Sperber, M. (dir.), *Dictionnaire d'éthique et de philosophie morale*, Puf, 2004.

Gosseries, A. « La recherche à l'épreuve de l'éthique », *Document de travail 84*, Université Catholique de Louvain.

Habermas, J., *De l'éthique de la discussion,* Champs-Flammarion, 2006

Henry, J., *The Scientific Revolution and the Origin of Modern Science*, Palgrave, 2002.

Hobbes, T., *Leviathan*, Gallimard (collection Folio), 2000.

Iaccariono, M., « Science and Culture », *in* Pontifical Academy of Sciences, *The Cultural Values of Science*, actes de la session plénière des 8-11 novembre 2011, téléchargeables depuis le site : http://www.vatican.va/roman_curia/pontifical_academies/acdscien/own/documents/scriptavaria.html

ICSU (International Council for Science), *Freedom, Responsibility and Universality of Science*, http://www.icsu.org/Gestion/img/ICSU_DOC_DOWNLOAD/2205_DD_FILE_Freedom_Responsibility_Universality_of_Science_booklet.pdf, 2008.

Instruction No 267 CEMM/CAB/NP du 23 mai 1990.

Jarosson, B., *Invitation à la philosophie des sciences*, Points-Seuil, 1992.

Jonas, H., *Le principe responsabilité*, Champs-Flammarion, 1998.

Kervégan, J.F., « Loi », *in* Canto-Sperber, M. (dir.), *Dictionnaire d'éthique et de philosophie morale*, Puf, 2004.

Kahn, A., *Et l'homme dans tout ça?,* Nil éditions (Pocket), 2000.

Kant, E., *Fondements de la métaphysique des mœurs*, Vrin, 2004.

Kas, L., « Forbiding Sciences, some Begining Reflections », *Science and Engineering Ethics,* 15, 2009, pp. 263-269.

Kuhn, T., *La structure des révolutions scientifiques*, Champs Flammarion, 1983.

Lakatos, I., « Falsification and the Methodology of Scientific Research Programmes », *in* Lakatos, I. and A. Musgrave, *Criticism and the Growth of Knowledge*, Cambridge University Press, 1974, pp. 91-196, cité par A. Chalmers.

Latour, B., *Le métier de chercheur, regard d'un anthropologue*, Inra éditions, 1995.

Latour, B., S. Woolgar, *La vie de laboratoire,* La découverte, 1988.

Lecourt, D., *L'enseignement de la philosophie des sciences*, Ministère de l'éducation nationale, de la recherche et de la technologie, 2000. Le rapport peut être téléchargé depuis le site : http://www.ladocumentationfrancaise.fr/rapports-publics/004000243/

Lekka-Kowalik, A., « Why Science cannot be Value-Free. Understanding the Rationality and Responsibility in Science », *Science and Engineering Ethics*, volume 16, numéro 1, 2010, pp. 33-41

Le Hir, P., « Christian Vélot, profession : lanceur d'alerte », *Le Monde*, 15 mai 2008.

Loi de programme n° 2006-450 du 18 avril 2006. Cette loi peut se trouver facilement sur le site internet http://www.legifrance.gouv.fr.

Magnin, T., « La philosophie morale, lieu de dialogue entre science et théologie », *in* Staune, J. (dir), *Science et quête de sens*, Presse de la Renaissance, 2005.

Martinson, B.C., M. S. Anderson and R. de Vries, "Scientists behaving badly", *Nature*, June 9th, 2005, pp. 737-738.

Merton, R.K., « The normative Structure of Science », article de 1942 qui peut être consulté dans l'ouvrage : Merton, R.K., *The Sociology of Science*, University of Chicago Press, 1973.

Meyer-Abich, K.-M., « Political Responsibility of Natural Science », *in European Science and Scientists between Freedom and Responsibility*, sous la direction de Drenth, P., J. Fenstad et J. Schiereck, Actes de la conférence organisée par l'Allea (All European Academies), Amsterdam, 2-3 dec. 1997, Office for Official publications of the European communities, 1999, pp. 61-68.

Mill, J.S., *L'utilitarisme,* Champs-Flammarion, 1988.

Mitcham, C., and R. Von Schomberg, « The Ethics of Scientists and Engineers : from Occupational Role Responsibility to Public Co-responsibility », *in* Kroes, P. and A. Meijers, *The empirical turn in the philosophy of technolog,.* Research in Philosophy and Technology, Vol. 20, JAI Press, 2000.

Montesquieu, *De l'esprit des lois*, Garnier-Flammarion, 1979.

Morin, E., *Science avec conscience,* Points-Seuil, 1990.

Morin, E., *La méthode,* Points-Seuil, 2004, 6 tomes

Morin, E., *La méthode. 6 : l'éthique.* Points-Seuil, 2004.

Neuberg, M. « Responsabilité », *in* Canto-Sperber, M. (dir.), *Dictionnaire d'éthique et de philosophie morale*, Puf, 2004.

Popper, K., *La logique de la découverte scientifique*, Payot, 1973.

Rameix, S., *Fondements philosophiques de l'éthique médicale*, Ellipses, 1996.

Resnik, D., *The Ethics of Science, an Introduction*, Routledge, 1998.

Resnik, D., *Playing Politics with Science,* Oxford University Press, 2009.

Ricœur, P., « Ethique », Encyclopédie Universalis.

Ricœur, P., « Ethique et morale », *in L'éthique dans le débat public*, Revue de l'Institut catholique de Paris, Paris, avril-juin 1990, cité par Rameix, S., *Fondements philosophiques de l'éthique médicale*, Ellipse, 1996.

Ronan, C., *Histoire mondiale des sciences*, Seuil, 1988.

Rousseau, J.-J., *Discours sur l'origine et les fondements de l'inégalité parmi les hommes*, Garnier-Flammarion, 1995.

Salomon, J.-J., *Les scientifiques, entre pouvoir et savoir*, Albin Michel, 2006.

Shapin, S., *La Révolution scientifique,* Flammarion, 1998.

Shattuck, R., *Forbidden Knowledge,* St Martin's press, 1996.

Soutou, G.H., « Responsabilité du scientifique envers la science et envers ses pairs », in Byk, C. (dir), *Les scientifiques doivent-ils être responsables ? Fondements, enjeux et évolution normative*, Actes du séminaire organisé le 9 décembre 2011 par la Commission nationale française pour l'Unesco, Les études hospitalières éditions, 2013.

Staune, J. (dir), *Science et quête de sens*, Presse de la Renaissance, 2005.

Steiner, G., *Dans le château de Barbe Bleue,* Folio-Gallimard, 1986.

Toulouse, G., *Regards sur l'éthique des sciences,* Hachette littérature, 1998.

Vermersch, D., « De l'objectivation scientifique à la recherche finalisée : quels enjeux éthiques ? », *Natures sciences sociétés,* 16, 2008, pp. 159-264

Wagner, P. (dir.), *Les philosophes et la science,* Folio essais-Gallimard, 2002.

Wallace, A., *Science et bouddhisme, à chacun sa réalité,* Calmann-Levy, 1998.

Weber, M., *Le Savant et le Politique,* Edition électronique établie par Tremblay, J.-M., 2001, téléchargée depuis http://classiques.uqac.ca/classiques/Weber/savant_politique/Le_savant.html

Wheale, P., R. von Schomberg, P. Glasner (dir), *The Social Management of Genetic Engineering*, Ashgate, 1998.

Wolpert, L., « Is science dangerous? », *in European Science and Scientists between Freedom and Responsibility*, sous la direction de Drenth, P., J. Fenstad et J. Schiereck, Actes de la conférence organisée par l'Allea (All European Academies), Amsterdam, 2-3 dec. 1997, Office for official publications of the European communities, 1999, pp. 25-31.

VIII. Notes à caractère bibliographique

[1] Instruction No 267 CEMM/CAB/NP du 23 mai 1990.

[2] http://www.larousse.fr/dictionnaires/francais/

[3] Henry, J., *The Scientific Revolution and the Origin of Modern Science,* Palgrave, 2002

[4] Cité par Salomon, J.-J., *Les scientifiques, entre pouvoir et savoir*, Albin Michel, 2006, p. 35

[5] Morin, E., *Science avec conscience,* Points Seuil, 1990, p. 20.

[6] Kant, E., *Fondements de la métaphysique des mœurs*, Vrin, 2004.

[7] Mill, J.S., *L'utilitarisme,* Champs-Flammarion, 1988.

[8] http://www.mercator-ocean.fr/html/actualites/news/actu_loop_fr.html

[9] *Manuel de Frascati*, OCDE, 2002. Téléchargeable depuis le site http://www.oecdbookshop.org. Il est devenu la référence méthodologique en matière de recueil et d'exploitation des statistiques de recherche et développement. Son objectif est précisé en page de garde : « *la mesure des activités scientifiques et technologiques*».

[10] Stokes, D., *Completing the Bush Model : Pasteur's Quadrant*, Conferences « Science, the Endless Frontier 1945-1995 », CSPO, 1994-1996, http://www.cspo.org/products/conferences/bush/stokes.pdf. Voir aussi Stokes, D., *Pasteur's Quadrant : Basic Science and Technological Innovation*, Brookings Institution, 1996.

[11] Salomon, J.-J., *Les scientifiques, entre pouvoir et savoir,* Albin Michel, 2006.

[12] Salomon, J.-J., *Les scientifiques, entre pouvoir et savoir*, Albin Michel, 2006, p.51.

[13] Bayertz, K., « Trois arguments pour la liberté de la recherche », *in* Proellochs, P. et D. Schulthess (dir.), *Y a-t-il des limites éthiques à la recherche scientifique. Actes du colloque de l'université de Neuchâtel. 9-11 octobre 1997*, Editions Médecine et Hygiène, Genève, 2000.

[14] Diderot, D., « Encyclopédie », *in L'Encyclopédie*, 1751.

[15] Voir par exemple Comte, A., *Discours sur l'esprit positif*, édition numérique réalisée par J.M. Tremblay, téléchargeable depuis le site : http://classiques.uqac.ca/classiques/Comte_auguste/comte.html

[16] Steiner, G., *Dans le château de Barbe Bleue*, Folio-Gallimard, 1986, p. 152.

[17] Shattuck, R., *Forbidden Knowledge*, St Martin's press, 1996.

[18] Bréchignac, C., *N'ayons pas peur de la science, raison et déraison*, CNRS éditions, 2009

[19] Bréchignac, C, *op. cit.* , p. 7.

[20] Kas, L., « Forbiding Sciences, some Begining Reflections », *Science and Engineering Ethics*, 15, 2009, pp. 263-269.

[21] Resnik, D., *The Ethics of Science, an Introduction,* Routledge, 1998, p.60.

[22] Cité par Salomon, J.-J., *Les scientifiques, entre pouvoir et savoir*, Albin Michel, 2006, p. 271.

[23] Steiner, G., *Dans le château de Barbe Bleue*, Folio-Gallimard, 1986, p. 151.

[24] Salomon, J.-J., *Les scientifiques, entre pouvoir et savoir*, Albin Michel, 2006, p. 52-53.

[25] Salomon, J.-J., *Les scientifiques, entre pouvoir et savoir*, Albin Michel, 2006, p. 53.

[26] Fossey, J., *La recherche française va très bien*, l'Archipel, 2004, p. 36 et suivantes.

[27] Voir http://cordis.europa.eu/fp7/home_fr.html pour une description du 7e PCRD, qui court de 2007 à 2013.

[28] Berlin, I., *Eloge de la liberté*, Calmann-Lévy, 1969.

[29] Hobbes, T., *Leviathan*, Gallimard (collection Folio), 2000, chapitre 21 « De la liberté des sujets ».

[30] Rousseau, J.-J., *Discours sur l'origine et les fondements de l'inégalité parmi les hommes,* Garnier-Flammarion, 1995, p.47.

[31] Ricœur, P., « Ethique », Encyclopédie Universalis.

[32] Ricœur, P., « Ethique et morale », *in L'éthique dans le débat public,* Revue de l'Institut catholique de Paris, Paris, avril-juin 1990, cité par Rameix, S., *Fondements philosophiques de l'éthique médicale,* Ellipse, 1996.

[33] Kervégan, J.-J., « Loi », *in* Canto-Sperber, M. (dir.), *Dictionnaire d'éthique et de philosophie morale,* Puf, 2004.

[34] Montesquieu, *De l'esprit des lois,* Garnier-Flammarion, 1979, p. 125.

[35] Montesquieu, *De l'esprit des lois,* Garnier-Flammarion, 1979, p. 294.

[36] Clément, E., C. Demonque, L. Hansen-Love, P. Kahn, « Responsabilité », *in La philosophie de A à Z,* Hatier, 2000.

[37] On pourra se référer à l'article de M. Neuberg, « Responsabilité », *in* Canto-Sperber, M. (dir.), *Dictionnaire d'éthique et de philosophie morale,* Puf, 2004.

[38] Jonas, H., *Le principe responsabilité*, Champs-Flammarion, 1998.

[39] Meyer-Abich, K.-M., « Political Responsibility of Natural Science », *in European Science and Scientists between Freedom and Responsibility,* sous la direction de Drenth, P., J. Fenstad et J. Schiereck, Actes de la conférence organisée par l'Allea (All European Academies), Amsterdam, 2-3 dec. 1997, Office for official publications of the European communities, 1999, pp. 61-68.

[40] Goldman, A., « Professionnelle (éthique) », *in* M. Canto-Sperber, M. (dir.), *Dictionnaire d'éthique et de philosophie morale*, Puf, 2004.

[41] Voir par exemple : Donnars, O. « Fin du procès de l'ex-star du clonage », *La recherche,* http://www.larecherche.fr/content/recherche/article?id=26342

[42] Resnik, D., *The Ethics of Science,* Routledge, 1998.

[43] Meyer-Abich, K.-M., « Political Responsibility of Natural Science », *European Science and Scientists between Freedom and Responsibility,* sous la direction de Drenth, P., J. Fenstad et J. Schiereck (Actes de la conférence organisée par l'Allea (All European Academies) à Amsterdam les 2-3 décembre. 1997), Office for official publications of the European communities, 1999, pp. 61-68.

[44] Wolpert, L., « Is Science Dangerous? », *European Science and Scientists between Freedom and Responsibility,* sous la direction de Drenth, P., J. Fenstad et J. Schiereck, (Actes de la conférence organisée par l'Allea (All European Academies) à Amsterdam les 2-3 décembre. 1997), Office for official publications of the European communities, 1999, pp. 25-31.

[45] Lekka-Kowalik, A., « Why Science cannot be Value-Free. Understanding the Rationality and Responsibility in Science », *Science and Engineering Ethics*, 2010, volume 16, numéro 1, pp. 33-41

[46] Barberousse, A., M. Kistler, P. Ludwig, *La philosophie des sciences au XXe siècle*, Champs-Flammarion, 2000, p. 9

[47] Voir par exemple : Morin, E., *Science avec conscience,* Points-Seuil, 1990, pp 26-27.

[48] Descartes, R., *Discours de la méthode* (1637), Gallimard (Bibliothèque de la Pléiade), 1953, pp. 137-138

[49] Morin, E., *La méthode*, Points-Seuil, 2004, 6 tomes

[50] Exemple tiré de Stewart, I. et J. Cohen, *The Collapse of Chaos,* Penguin, 2000, cité dans l'article Wikipédia sur l'émergence (http://fr.wikipedia.org/wiki/Émergence)

[51] Barberousse, A., M. Kistler, P. Ludwig, *La philosophie des sciences au XXe siècle*, Champs-Flammarion, 2000

[52] Lekka-Kowalik, A., « Why Science cannot be Value-Free. Understanding the Rationality and Responsibility in Science », *Science and Engineering Ethics,* volume 16, numéro 1, 2010, pp. 33-41

[53] Einstein, A., *Comment je vois le monde*, Champs Flammarion.

[54] Kuhn, T., *La structure des révolutions scientifiques*, Champs Flammarion, 1983.

[55] Lakatos, I., « Falsification and the Methodology of Scientific Research Programmes », *in* Lakatos, I. and A. Musgrave : *Criticism and the Growth of Knowledge*, Cambridge University Press, 1974, pp. 91-196, cité par Chalmers, A., *Qu'est-ce que la science,* Le Livre de Poche-La Découverte, 1987

[56] Kuhn, T., *La structure des révolutions scientifiques*, Champs Flammarion, 1983, p46.

[57] Henry, J., *The Scientific Revolution and the Origin of Modern Science*, Palgrave, 2002, p. 75.

[58] Barberousse, A., M. Kistler, P. Ludwig, *La philosophie des sciences au XXe siècle*, Champs-Flammarion, 2000, ch. 1.

[59] Magnin, T., « la philosophie morale, lieu de dialogue entre science et théologie », *in* Staune, J. (dir), *Science et quête de sens*, Presse de la Renaissance, 2005.

[60] http://fr.wikipedia.org/wiki/Théorèmes_d'incomplétude_de_Gödel

[61] Popper, K., *La logique de la découverte scientifique*, Payot, 1973.

[62] Duhem, P., *La théorie physique : son objet, sa structure* (1906), édition chargée depuis http://www.ac-nancy-metz.fr/enseign/philo/textesph/default.htm

[63] Godfrey-Smith, P., *An Introduction to the Philosophy of Science, Theory and Reality,* The University of Chicago Press, 2003, p. 127.

[64] De Closets, F., *Ne dites pas à Dieu ce qu'il doit faire*, Seuil, 2004. Salomon, J.-J., *op. cit.*

[65] Godfrey-Smith, P., *An Introduction to the Philosophy of Science, Theory and Reality,* The University of Chicago Press, 2003, p. 126.

[66] Salomon, J.-J., *Les scientifiques, entre pouvoir et savoir*, Albin Michel, 2006, p. 58.

[67] Goldman, A., « Professionnelle (éthique) », *in* Canto-Sperber , M. (dir.), *Dictionnaire d'éthique et de philosophie morale*, Puf, 2004.

[68] Feyerabend, P., *Contre la méthode,* Points-Seuil, 1979

[69] Weber, M., *Le Savant et le Politique*, Edition électronique établie par J.-M. Tremblay, 2001, téléchargée depuis http://classiques.uqac.ca/classiques/Weber/savant_politique/Le_savant.html

[70] Resnik, D., *The Ethics of Science, an Introduction*, Routledge, 1998.

[71] ICSU (International Council for Science), *Freedom, responsibility and universality of science,* http://www.icsu.org/Gestion/img/ICSU_DOC_DOWNLOAD/2205_DD_FILE_Freedom_Responsibility_Universality_of_Science_booklet.pdf, 2008.

[72] Fischer, R.A., "Has Mendel's work been rediscovered?", *Annales Scientifiques*, 1, 1936, pp. 115-137.

[73] Resnik, D., *The Ethics of Science, an Introduction.* Routledge, 1998.

[74] Galilée, *Lettre à Christine de Lorraine, Grande duchesse de Toscane,* Revue d'histoire des sciences, PUF, t. XVII, 4, oct.-déc. 1964, cité par Salomon, J.-J., *Les scientifiques, entre pouvoir et savoir*, Albin Michel, 2006.

[75] Resnik, D., *The Ethics of Science, an Introduction*, Routledge, 1998, p.60.

[76] On pourra consulter par exemple Latour, B., *Le métier de chercheur, regard d'un anthropologue,* Inra éditions, 1995.

[77] Morin, E., *Science avec conscience*, Points-Seuil, 1990, p. 16-17.

[78] On pourra consulter par exemple Latour, B., *Le métier de chercheur, regard d'un anthropologue,* Inra éditions, 1995.

[79] Resnik, D., *The Ethics of Science, an Introduction*, Routledge, 1998, p. 45.

[80] Merton, R. K., « The Normative Structure of Science », article de 1942 qui peut être consulté dans l'ouvrage : Merton, R. K., *The Sociology of Science*, University of Chicago Press, 1973.

[81] Morin, E., *Science avec conscience*, Points-Seuil, 1990, p. 24.

[82] Popper, K., *La logique de la découverte scientifique*, Payot, 1973, p. 41.

[83] Habermas, J., *De l'éthique de la discussion*, Champs-Flammarion, 2006

[84] Habermas, J., *De l'éthique de la discussion*, Champs-Flammarion, 2006, p. 140-141.

[85] Popper, K., *La logique de la découverte scientifique*, Payot, 1973

[86] Chalmers, A., *Qu'est-ce que la science,* Le Livre de Poche-La Découverte, 1987, en particulier son chap. 9.

[87] Popper, K., *La logique de la découverte scientifique,* Payot, 1973.

[88] Kuhn, T., *La structure des révolutions scientifiques*, Champs Flammarion, 1983.

[89] Kuhn, T., *La structure des révolutions scientifiques*, Champs Flammarion, 1983, p. 102.

[90] Feyerabend, P., *Contre la méthode,* Points-Seuil, 1979.

[91] Kuhn, T., *La structure des révolutions scientifiques*, Champs Flammarion, 1983, p. 279.

[92] Resnik, D., *The Ethics of Science, an Introduction*, Routledge, 1998, chapitre 6.

[93] Salomon, J.-J., *Les scientifiques, entre pouvoir et savoir*, Albin Michel, 2006, p. 68.

[94] Secrétariat général du comité national du Cnrs, *Les sections du Comité national. Les critères d'évaluation,* mars 2010, disponible sur le site du Cnrs (http://www.cnrs.fr/comitenational/evaluation/criteval.htm)

[95] On pourra consulter à ce sujet : Wallace, A., *Science et bouddhisme, à chacun sa réalité*, Calmann-Levy, 1998.

[96] Voir par exemple Clément, E., C. Demonque, L. Hansen-Love, P. Kahn, *La philosophie de A à Z,* Hatier, 2000.

[97] Vermersch, D., « De l'objectivation scientifique à la recherche finalisée : quels enjeux éthiques ? », *Natures sciences sociétés*, 16, 2008, pp. 159-264

[98] Morin, E., *Science avec conscience,* Points Seuil, 1990, ch. 3.

[99] Morin, E., *Science avec conscience,* Points Seuil, 1990, p. 118.

[100] Husserl, E., *La crise des sciences européennes et la phénoménologie transcendantale,* Tel-Gallimard, 1989

[101] Sur tous ces sujets, on pourra lire : Kahn, A., *Et l'homme dans tout ça?,* Nil éditions (Pocket), 2000.

[102] ICSU (International Council for Science), *Freedom, responsibility and universality of science,* http://www.icsu.org/Gestion/img/ICSU_DOC_DOWNLOAD/2205_DD_FILE_Freedom_Responsibility_Universality_of_Science_booklet.pdf, 2008.

[103] Evers, K., *Standards for Ethics and Responsibility in Science, an Analysis and Evaluation of their Content, Background and Function,* ICSU-SCRES, 2001. Evers, K., *Codes of Conduct, Standards for Ethics in Research,* European Commission, 2003.

[104] *Les Etats généraux de la recherche,* Tallandier, 2004, p. 116.

[105] Salomon, J.-J., *Les scientifiques, entre pouvoir et savoir*, Albin Michel, 2006, p. 273.

[106] Cité par Salomon, J.-J., *Les scientifiques, entre pouvoir et savoir*, Albin Michel, 2006, p. 271

[107] Voir par exemple : Ronan, C., *Histoire mondiale des sciences,* Seuil, 1988, pp. 648-649.

[108] Pour plus de détails, on pourra consulter le site internet du Commissariat à l'Energie Atomique : www.cea.fr

[109] Centre de documentation, de recherche et d'expérimentations sur les pollutions accidentelles des eaux

[110] Resnik, D., *Playing Politics with Science*, Oxford University Press, 2009, chapitre 4.

[111] http://sciencescitoyennes.org/spip.php?rubrique119

[112] Le Hir, P., « Christian Vélot, profession : lanceur d'alerte », *Le Monde,* 15 mai 2008.

[113] Ces deux dernières citations sont tirées du programme du colloque « Lanceurs d'alerte et système d'expertise : vers une législation exemplaire en 2008 ? », organisé le 27 mars 2008 au Palais du Luxembourg par le Sénat et la Fondation *Sciences citoyennes.* Il est disponible à l'adresse http://sciencescitoyennes.org/spip.php?article1680.

[114] Jonas, H., *Le principe responsabilité,* Champs-Flammarion, 1998.

[115] Cité par Rameix, S., *Fondements philosophiques de l'éthique médicale,* Ellipses, 1996, p. 32.

[116] Ernst, R., « The Responsibility of Scientists, a European View », *Angew. Chem. Int. Ed.*, 42, 2003, pp. 4434-4439.

[117] On pourra consulter à ce sujet : Chalmers, A., *Qu'est-ce que la science,* Le Livre de Poche-La Découverte, 1987, ch. 13. Wallace, A., *Science et bouddhisme, à chacun sa réalité*, Calmann-Levy, 1998.

[118] Cité par Chalmers, A., *Qu'est-ce que la science,* Le Livre de Poche-La Découverte, 1987, p. 239.

[119] Heisenberg, W., *Physique et philosophie,* Albin Michel, 1971, p. 55.

[120] Weber, M., Le Savant et le Politique, Edition électronique établie par J.-M. Tremblay, 2001, téléchargée depuis

http://classiques.uqac.ca/classiques/Weber/savant_politique/Le_savant.html, p 14

[121] Morin, E., *Science avec conscience,* Points-Seuil, 1990.

[122] Morin, E., *La méthode,* Points-Seuil, 2004, 6 tomes

[123] Morin, E., *Science avec conscience,* Points-Seuil, 1990, p. 15.

[124] Morin, E., *Science avec conscience,* Points-Seuil, 1990, p. 92.

[125] Wallace, A., *Science et bouddhisme, à chacun sa réalité*, Calmann-Levy, 1998, p. 99.

[126] Magnin, T., « la philosophie morale, lieu de dialogue entre science et théologie », *in* Staune, J. (dir), *Science et quête de sens*, Presse de la Renaissance, 2005, p. 198.

[127] Feyerabend, P., *Contre la méthode,* Points-Seuil, 1979

[128] Feyerabend, P., *Contre la méthode,* Points-Seuil, 1979, ch. 18. Selon le dictionnaire, un mythe est un récit populaire ou littéraire mettant en scènes des êtres surhumains et des actions imaginaires. S'y expriment les valeurs de la société, les structures de l'esprit humain. Ils représentent symboliquement des forces physiques, des généralités d'ordre philosophique, métaphysique ou social

[129] Davis, W., *Pour ne pas disparaitre : pourquoi nous avons besoin de la sagesse ancestrale*, Albin-Michel, 2011

[130] *Op. cit.,* p. 12

[131] *Op. cit.,* p. 26

[132] *Op. cit.,* p. 147

[133] *Op. cit.,* p. 24

[134] Cf. communication de G. H. Soutou, « Responsabilité du scientifique envers la science et envers ses pairs », in Byk, C. (dir), *Les scientifiques doivent-ils être responsables ? Fondements, enjeux et évolution normative*, Actes du séminaire organisé le 9 décembre 2011 par la Commission nationale française pour l'Unesco, Les études hospitalières éditions, 2013.

[135] Voir aussi Iaccariono, M., « Science and Culture », *in* Pontifical Academy of Sciences : *The Cultural Values of Science,* Actes de la session plénière des 8-11 novembre 2011, téléchargeables depuis le site : http://www.vatican.va/roman_curia/pontifical_academies/acdscien/own/documents/scriptavaria.html

[136] www.europa.eu.int/eracareers/europeancharter

[137] Ce code est issu de la loi du 15 juillet 1982, et a été amendé par la loi de programmation sur la recherche du 18 avril 2006.

[138] *Les états généraux de la recherche,* Tallandier, 2004, p. 116.

[139] Ternay, J.F., cours *Ethique, science et communication scientifique*, master « Ethique, science, santé, société », Université Paris XI, 2006.

[140] Kuhn, T., *La structure des révolutions scientifiques,* Champs Flammarion, 1983, pp. 43-44.

[141] Resnik, D., *The Ethics of Science, an Introduction*, Routledge, 1998.

[142] Je me suis également inspiré du travail de D. Resnik sur ce thème : Resnik, D., *The Ethics of Science, an Introduction*, Routledge, 1998.

[143] Goldman, A., « Professionnelle (éthique) », *in* Canto-Sperber, M. (dir.), *Dictionnaire d'éthique et de philosophie morale*, Puf, 2004.

[144] Instruction No 267 CEMM/CAB/NP du 23 mai 1990.

[145] Feyerabend, P., *Contre la méthode*, Points-Seuil, 1979, p. 339

[146] Lecourt, D., *L'enseignement de la philosophie des sciences,* Ministère de l'éducation nationale, de la recherche et de la technologie, 2000. Le rapport peut être téléchargé depuis le site : *http://www.ladocumentationfrancaise.fr/rapports-publics/004000243/*

[147] Abaté, C.J., « Should Engineering Ethics be taught ? », *Sciences and Engineering Ethics*, vol. 17, 2011, pp. 583-596.

[148] Abaté, C.J., *op. cit.*

[149] Frankel, M., « *Professional Codes : why, how, and with what Impact* », Journal of Business Ethics, 8 :2/3, 1989, p.109.

[150] Mitcham, C., and R. Von Schomberg : « The Ethics of Scientists and Engineers : from Occupational Role Responsibility to Public Co-responsibility », *in* Kroes, P. and A. Meijers : *The Empirical Turn in the Philosophy of Technology,* Research in Philosophy and Technology, Vol. 20, JAI Press, 2000.

[151] Durand, G., « Ethique, droit et régulation alternative », *in* Parizeau, M.H. (dir), *La bioéthique, méthodes et fondements*, Cahiers scientifiques, Montréal, 1989, pp. 87-96.

[152] http://www.cnrs.fr/fr/organisme/ethique/comets/index.htm. Il s'est donné pour missions de : (1) conduire et développer la réflexion sur les aspects éthiques suscitée par la pratique de la recherche sans occulter les finalités de cette dernière ; (2) dégager, dans le domaine de l'éthique, les principes qui concernent les activités de recherche, les comportements individuels, les attitudes collectives et le fonctionnement des instances de l'organisme ; (3) formuler des recommandations concernant la définition, la justification et l'application de règles relatives à l'éthique et à la déontologie de la recherche qui peuvent avoir trait aux rapports des personnels entre eux et avec l'organisme, à la communication scientifique interne et externe, et plus généralement à la responsabilité du chercheur devant l'organisme et devant la société, en particulier dans ses activités d'évaluation, de valorisation de la recherche et d'expertise ; (4) sensibiliser les personnels de recherche à l'importance de l'éthique de façon à garantir un juste

équilibre entre leur liberté intellectuelle et leurs devoirs vis-à-vis du CNRS et de la société.

[153] ori.hhs.gov/about-ori. Il s'est lui-même donné pour missions : (i) developing policies, procedures and regulations related to the detection, investigation, and prevention of research misconduct and the responsible conduct of research ; (ii) reviewing and monitoring research misconduct investigations conducted by applicant and awardee institutions, intramural research programs, and the Office of Inspector General in the Department of Health and Human Services (HHS) ; (iii) recommending research misconduct findings and administrative actions to the Assistant Secretary for Health for decision, subject to appeal ; (iv) assisting the Office of the General Counsel (OGC) to present cases before the HHS Departmental Appeals Board ; (v) providing technical assistance to institutions that respond to allegations of research misconduct ; (vi) implementing activities and programs to teach the responsible conduct of research, promote research integrity, prevent research misconduct, and improve the handling of allegations of research misconduct ; (vii) conducting policy analyses, evaluations and research to build the knowledge base in research misconduct, research integrity, and prevention and to improve HHS research integrity policies and procedures ; (viii) administering programs for: maintaining institutional assurances, responding to allegations of retaliation against whistleblowers, approving intramural and extramural policies and procedures, and responding to Freedom of Information Act and Privacy Act requests.

[154] http://www.conseil-national.medecin.fr/article/nos-missions-867. (1) L'ordre des médecins veille au maintien des principes de moralité, de probité, de compétence et de dévouement indispensables à l'exercice de la médecine (…).

(2) Il assure la défense de l'honneur et de l'indépendance de la profession médicale (...) (3) L'Ordre a la charge de concevoir et rédiger le code de déontologie médicale, (...). (4) Le code de déontologie proposé par l'Ordre, soumis au Conseil d'Etat est édicté sous forme de décret en Conseil d'Etat. (5) Il appartient à l'Ordre de veiller à son application et à son respect. (vi) L'Ordre, organisme autonome, dont les conseillers sont élus par les médecins, financé par eux seuls, ce qui en garantit l'indépendance, défend les intérêts des malades et les intérêts moraux de la profession. Il ne subit aucune tutelle, aucun contrôle (hormis celui du Conseil d'État en matière disciplinaire ou administrative) (...)

[155] Durand, G., « Ethique, droit et régulation alternative », *in* Parizeau, M.H. (dir), *La bioéthique, méthodes et fondements*, Cahiers scientifiques, Montréal, 1989, pp. 87-96.

[156] Evers, K., *Standards for Ethics and Responsibility in Science, an Analysis and Evaluation of their Content, Background and Function,* ICSU-SCRES, 2001. K. Evers, *Codes of Conduct, Standards for Ethics in Research,* European Commission, 2003.

[157] Serment d'Archimède (source : http://ethique.epfl.ch)
Considérant la vie d'Archimède de Syracuse qui illustra dès l'Antiquité le potentiel ambivalent de la technique, considérant la responsabilité croissante des ingénieurs et des scientifiques à l'égard des hommes et de la nature, considérant l'importance des problèmes éthiques que soulèvent la technique et ses applications, aujourd'hui, je prends les engagements suivants et m'efforcerai de tendre vers l'idéal qu'ils représentent : (1) Je pratiquerai ma profession pour le bien des personnes, dans le respect des Droits de l' Homme et de l'environnement. (2) Je reconnaîtrai, m'étant informé au mieux, la responsabilité de mes actes et ne m'en déchargerai en aucun cas sur autrui. (3) Je m'appliquerai à parfaire mes compétences

professionnelles. (4) Dans le choix et la réalisation de mes projets, je resterai attentif à leur contexte et à leurs conséquences, notamment des points de vue technique, économique, social, écologique… Je porterai une attention particulière aux projets pouvant avoir des fins militaires. (5) Je contribuerai, dans la mesure de mes moyens, à promouvoir des rapports équitables entre les hommes et à soutenir le développement des pays économiquement faibles. (6) Je transmettrai, avec rigueur et honnêteté, à des interlocuteurs choisis avec discernement, toute information importante, si elle représente un acquis pour la société ou si sa rétention constitue un danger pour autrui. Dans ce dernier cas, je veillerai à ce que l'information débouche sur des dispositions concrètes. (7) Je ne me laisserai pas dominer par la défense de mes intérêts ou ceux de ma profession. (8) Je m'efforcerai, dans la mesure de mes moyens, d'amener mon entreprise à prendre en compte les préoccupations du présent Serment. (9) Je pratiquerai ma profession en toute honnêteté intellectuelle, avec conscience et dignité.

Je le promets solennellement, librement et sur mon honneur.

[158] http://ethique.epfl.ch/page-39557-fr.html

[159] http://www.conseil-national.medecin.fr/article/nos-missions-867

[160] http://www.cnrs.fr/fr/organisme/ethique/comets/index.htm.

[161] voir le lien http://www.cnrs.fr/prg/PIR/presentation.htm.

[162] http://uip.edu/

[163] http://uip.edu/presentation

[164] Staune, J. (dir), *Science et quête de sens*, Presse de la Renaissance, 2005.

[165] http://www.mindandlife.org/

[166] http://www.mindandlife.org/about/mission/

[167] Mitcham, C., and R. Von Schomberg, « The Ethics of Scientists and Engineers : from Occupational Role Responsibility to Public Co-responsibility », *in* Kroes, P. and

A. Meijers, *The Empirical Turn in the Philosophy of Technology,* Research in Philosophy and Technology, Vol. 20, JAI Press, 2000.

[168] http://www.cite-sciences.fr/francais/ala_cite/conferen/climat/global_fs.htm

[169] http://jacques.testart.free.fr/index.php?post/texte849

[170] Habermas, J., *De l'éthique de la discussion*, Champs-Flammarion, 2006.

[171] On trouvera les documents régissant le fonctionnement du CCNE à l'adresse http://www.ccne-ethique.fr

[172] Morin, E., *Science avec conscience*, Points-Seuil, 1990. Morin, E., *La méthode,* Points-Seuil, 2004, 6 tomes. On pourra lire avec profit la synthèse effectuée par R. Forbin, *Comprendre la complexité, introduction à la Méthode d'Edgar Morin*, Presses de l'université de Laval-L'Harmattan, 2005.

[173] Resnik, D., *The Ethics of Science, an Introduction,* Routledge, 1998.

[174] Evers, K., *Standards for Ethics and Responsibility in Science, an Analysis and Evaluation of their Content, Background and Function,* ICSU-SCRES, 2001. K. Evers, *Codes of Conduct, Standards for Ethics in Research,* European Commission, 2003.

[175] Resnik, D., *Playing Politics with Science*, Oxford University Press, 2009

[176] *Etats généraux de la recherche*, Tallandier, 2004.

[177] Debuire, B. et E. Hirsch (dir.), *La recherche peut-elle se passer d'éthique ?*, Vuibert, 2004.

[178] Toulouse, G., *Regards sur l'éthique des sciences*, Hachette littérature, 1998.

[179] Toulouse, G., *op. cit.,* p. 14.

[180] Allea (All European Academies), Actes du colloque organisé à Amsterdam les 2-3 décembre 1997 : *European Science and Scientists between Freedom and Responsibility*, sous la

direction de Drenth, P., J. Fenstad et J. Schiereck, Office for official publications of the European communities, 1999.

[181] Bayertz, K. « Trois arguments pour la liberté de la recherche », *in* Proellochs, P. et D. Schulthess (dir.):*Y a-t-il des limites éthiques à la recherche scientifique ?,* Actes du colloque de l'université de Neuchâtel, 9-11 octobre 1997, Editions Médecine et Hygiène, Genève, 2000.

[182] Mitcham, C., and R. Von Schomberg, « The Ethics of Scientists and Engineers : from Occupational Role Responsibility to Public Co-responsibility », *in* Kroes, P. and A. Meijers : *The Empirical Turn in the Philosophy of Technology*, Research in Philosophy and Technology, Vol. 20, JAI Press, 2000.

[183] Lekka-Kowalik, A., « Why Science cannot be Value-Free. Understanding the Rationality and Responsibility in Science », *Science and Engineering Ethics*, volume 16, numéro 1, 2010, pp. 33-41

[184] Téléchargeable depuis le site http://www.cnrs.fr/colloques/sciences-societe/programme/actes.htm

[185] Salomon, J-J., *Les scientifiques, entre pouvoir et savoir*, Albin Michel, 2006.

[186] Kahn, A., *Et l'homme dans tout ça?*, Nil éditions (Pocket), 2000.

[187] Godfrey-Smith, P., *An Introduction to the Philosophy of Science, Theory and Reality,* The University of Chicago Press, 2003

[188] Clément, E., C. Demonque, L. Hansen-Love, P. Kahn, *La philosophie de A à Z,* Hatier, 2000, p. 345.

[189] Barberousse, A., M. Kistler, P. Ludwig, *La philosophie des sciences au XXe siècle,* Champs-Flammarion, 2000.

[190] Andler, D., A. Fagot Largeault, B. Saint-Sernin, *Philosophie des sciences*, Folio essais-Gallimard, 2002.

[191] Wagner, P. (dir.), *Les philosophes et la science*, Folio essais-Gallimard, 2002.

[192] Jarosson, B., *Invitation à la philosophie des sciences*, Points-Seuil, 1992.

[193] Bot, L. *Philosophie des sciences de la matière*, L'Harmattan, 2007.

[194] Andler, D., A. Fagot Largeault, B. Saint-Sernin, *Philosophie des sciences*, Folio essais-Gallimard, 2002.

[195] Comte, A., *Discours sur l'esprit positif*, édition numérique réalisée par J.M. Tremblay, téléchargeable depuis le site : http://classiques.uqac.ca/classiques

[196] Descartes, R., *Discours de la méthode*, Gallimard/Bibliothèque de la Pléiade, 1983.

[197] Bacon, F. *Novum organum*, (trad. Lorquet), Hachette, 1857.

[198] Clément, E., C. Demonque, L. Hansen-Love, P. Kahn, *La philosophie de A à Z,* Hatier, 2000, p. 141.

[199] Chalmers, A., *Qu'est-ce que la science*, Le Livre de Poche-La Découverte, 1987.

[200] Kuhn, T., *La structure des révolutions scientifiques*, Champs Flammarion, 1983.

[201] Popper, K., *La logique de la découverte scientifique*, Payot, 1973.

[202] Feyerabend, P., *Contre la méthode*, Points-Seuil, 1979

[203] Ronan, C., *Histoire mondiale des sciences*, Seuil, 1988.

[204] Henry, J., *The Scientific Revolution and the Origin of Modern Science*, Palgrave, 2002.

[205] Latour, B., S. Woolgar, *La vie de laboratoire*, La découverte, 1988.

[206] Shapin, S., *La Révolution scientifique*, Flammarion, 1998.

[207] Merton, R.K., « The Normative Structure of Science », article de 1942 qui peut être consulté dans l'ouvrage : Merton, R.K., *The Sociology of Science*, University of Chicago Press, 1973.

[208] Rameix, S., *Fondements philosophiques de l'éthique médicale*, Ellipses, 1996.

[209] Ferry, L., *Apprendre à vivre*, Plon, 2006.

[210] Singer, P., *Practical Ethics*, Cambridge University Press, 2011.
[211] Kahn, A., *Et l'homme dans tout ça?*, Nil éditions (Pocket), 2000.
[212] Ferry, L., *Le nouvel ordre écologique*, Poche-Grasset, 1992.

Figure 5 et Figure 12 sont tirées de l'article : Pichevin, T. et D. Nof (1997), "The momentum imbalance paradox", *Tellus* 49A, 298-319

L'HARMATTAN ITALIA
Via Degli Artisti 15; 10124 Torino

L'HARMATTAN HONGRIE
Könyvesbolt ; Kossuth L. u. 14-16
1053 Budapest

L'HARMATTAN KINSHASA
185, avenue Nyangwe
Commune de Lingwala
Kinshasa, R.D. Congo
(00243) 998697603 ou (00243) 999229662

L'HARMATTAN CONGO
67, av. E. P. Lumumba
Bât. – Congo Pharmacie (Bib. Nat.)
BP2874 Brazzaville
harmattan.congo@yahoo.fr

L'HARMATTAN GUINÉE
Almamya Rue KA 028, en face du restaurant Le Cèdre
OKB agency BP 3470 Conakry
(00224) 60 20 85 08
harmattanguinee@yahoo.fr

L'HARMATTAN CAMEROUN
BP 11486
Face à la SNI, immeuble Don Bosco
Yaoundé
(00237) 99 76 61 66
harmattancam@yahoo.fr

L'HARMATTAN CÔTE D'IVOIRE
Résidence Karl / cité des arts
Abidjan-Cocody 03 BP 1588 Abidjan 03
(00225) 05 77 87 31
etien_nda@yahoo.fr

L'HARMATTAN MAURITANIE
Espace El Kettab du livre francophone
N° 472 avenue du Palais des Congrès
BP 316 Nouakchott
(00222) 63 25 980

L'HARMATTAN SÉNÉGAL
10 VDN en face Mermoz, après le pont de Fann
BP 45034 Dakar Fann
33 825 98 58 / 33 860 9858
senharmattan@gmail.com / senlibraire@gmail.com
www.harmattansenegal.com

L'HARMATTAN BÉNIN
ISOR-BENIN
01 BP 359 COTONOU-RP
Quartier Gbèdjromèdé,
Rue Agbélenco, Lot 1247 I
Tél : 00 229 21 32 53 79
christian_dablaka123@yahoo.fr

Achevé d'imprimer par Corlet Numérique - 14110 Condé-sur-Noireau
N° d'Imprimeur : 111557 - Dépôt légal : septembre 2014 - *Imprimé en France*

www.ingramcontent.com/pod-product-compliance
Lightning Source LLC
LaVergne TN
LVHW011033061026
849535LV00006B/2075
* 9 7 8 2 3 4 3 0 3 4 4 4 7 *